U0169009

美食家大雄的
高成功率食谱

·大雄 著·

中信出版集团 | 北京

图书在版编目（CIP）数据

美食家大雄的高成功率食谱 / 大雄著. -- 北京：中信出版社, 2022.8

ISBN 978-7-5217-4459-0

Ⅰ. ①美… Ⅱ. ①大… Ⅲ. ①食谱 Ⅳ. ①TS972.12

中国版本图书馆CIP数据核字(2022)第095303号

美食家大雄的高成功率食谱

著　　者：大雄

出版发行：中信出版集团股份有限公司

（北京市朝阳区惠新东街甲4号富盛大厦2座　邮编　100029）

承 印 者：北京启航东方印刷有限公司

开　　本：787mm×1092mm　1/16　　印　　张：24.25　　字　　数：350千字

版　　次：2022年8月第1版　　印　　次：2022年8月第1次印刷

书　　号：ISBN 978-7-5217-4459-0

定　　价：148.00元

推荐序
做一个好吃会做的人

阎京生

好友美食家大雄的新书就要付梓了，兴奋！高兴！但是大雄给我布置了一项任务，给书写一篇序言。我水平有限，尤其在“吃”上面，更是会动口不会动手的理论家，面对这一邀请实在是诚惶诚恐之至。斗胆聊一下我对于“吃”的一点点愚见。

5000 年来，老祖宗给我们留下了丰富的传统饮食文化。食不厌精，脍不厌细；满汉全席一百零八道菜；孔府的酿豆芽要把一根豆芽劈成两半，中间夹上火腿丝；三十多斤肥鸡、肘子、排骨“伺候”出一盘开水白菜……包括现如今某些“美食家”食必“米其林”“黑珍珠”，这些都是贵族大人物的吃。咱们老百姓居家过日子，最重要的还是吃得开心、吃得实惠，好吃不贵，还对得起自己的胃。

真正的美食家里，我最佩服的是王畅安（世襄）老人。他老人家不仅好吃，而且会做。困难的时候买不到海参，但他老人家知道怎么做出海参味儿的海米烧大葱，尝过这道菜的人都对其赞不绝口、念念不忘。王老的哲嗣王敦煌先生写了一本《吃主儿》，说到家里从不糟践东西：刮干净的肉皮，剔下来的骨头，剁下来的鸡爪子、鸭翅尖儿，吃瓜留下的西瓜子和南瓜子，乃至吃橘子剥下的橘子皮，都没有一扔了之的习惯，而是一定想方设法把它们用上，即使一时半会用不上，也晒干留起来，以备不时之需。

如今的年代，生活节奏跟王老生活的那个年代又不一样了。一些年轻人是“996”甚至“007”，回到家里恐怕只想躺倒、吹空调、点外卖、打游戏，肯用心思、下功夫钻研做菜的人，怕是少而又少了。但是有句老话说得对，“艺不压身”。会做一两道可口的菜，在周末或者节假日，无论是犒劳自己，还是招待朋友，包括父母过生日时露一手孝敬下老人，想必都是极好的，比高盐高油的外卖菜恐怕也要健康得多。而且它便宜啊！自己做菜，大概成本也就是外卖菜的三分之一到二分之一吧。而且这几年在新冠肺炎疫情的影响下，可能遇到紧急突发情况需要封闭管理，这时候自己按照大雄教的快手菜方法，卤一锅酱牛肉，放在冰箱里冻凉之后拿出来切片摆盘，在酱牛肉的汤里扔两棵小油菜、一点胡萝卜，煮一锅牛肉面，好几天的菜就解决啦！这不比连着吃一星期方便面健康？

我关注大雄的微博有好些年了。他教的很多快手菜都特别适合刚独自生活的年轻人或者刚结婚的小两口学着做，而且味道不赖。唯一被人挑剔的是，有些做法为了适应现代人的生活节奏，在程序上比较省事，比如酱牛肉，是小火慢炖一晚上呢，还是用高压锅炖 30 分钟呢？类似这样的一些问题，会被美食上的“原教旨主义者”批判“做法不正宗”。但是菜这个东西，最终是要吃到嘴巴里的。比如做凉拌萝卜丝，您拿一个萝卜雕出一百零八瓣花，我拿来咔咔擦丝，程序不一样，但结果是一样的，都做出好吃的萝卜味儿就行了，您说是不是呢？

最后我打句广告语吧：“欢迎关注美食家大雄的快手菜！比点外卖省钱还干净，和家里长辈的传家菜味道一样！而且简便易学！超高成功率！超级适合年轻一代。小伙伴们，快来一起尝试吧！”

序言

做美食博主 10 年来，我一直在做一件事——研究食谱教程。从一开始零粉丝，到现在全网超 2000 万粉丝，越来越多的朋友跟我学做饭，尤其是初下厨房的朋友。这些朋友的反馈也促使我把食谱打磨得更加实用。很多朋友学做饭都并非请教专业厨师，而是首先看我的食谱教程，这令我这位业余“选手”十分惊讶，也备受鼓舞。

最初做美食，我纯粹是当作爱好，自己爱吃，也爱做给家人吃，还爱分享。最初的几年是寂寞的分享，随着自媒体平台的兴起，我在互联网上的粉丝越来越多，就成了热闹的分享。

在中信出版社朋友的邀请下，我筹备了这本食谱书——《美食家大雄的高成功率食谱》，也是我所著的第一本书。这本书收录了这 10 年中我最受欢迎的食谱，每道菜都经过了网友上百万次的检验。书中，我把菜的做法简化，把调味料精简量化，把时间精准化，让做菜的成功率大大提升，可以说这是一本“一做就成”的食谱书。

希望这本书能帮你做出更多美味佳肴，一家人美美地吃着美食，让你走进厨房时信心满满，如此一来，我就非常开心啦！

目录

家常下饭菜

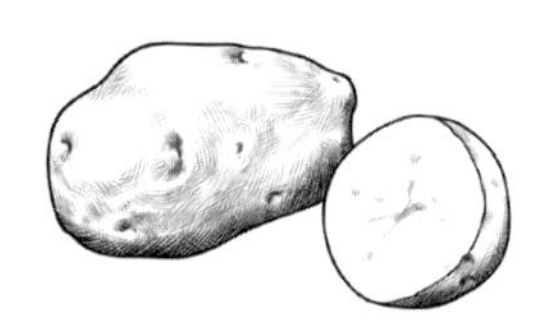

清爽营养菜

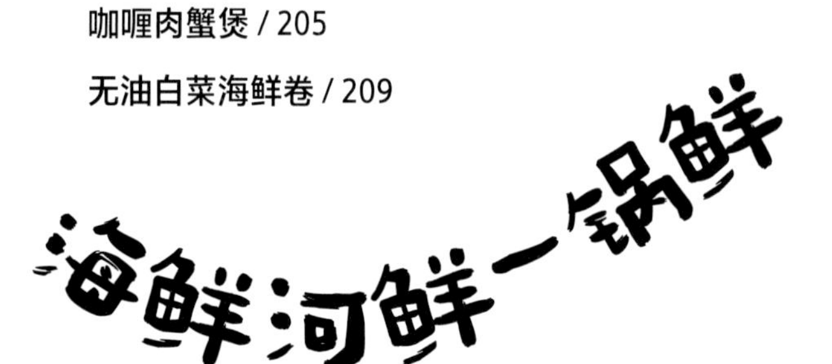
海鲜河鲜一锅鲜

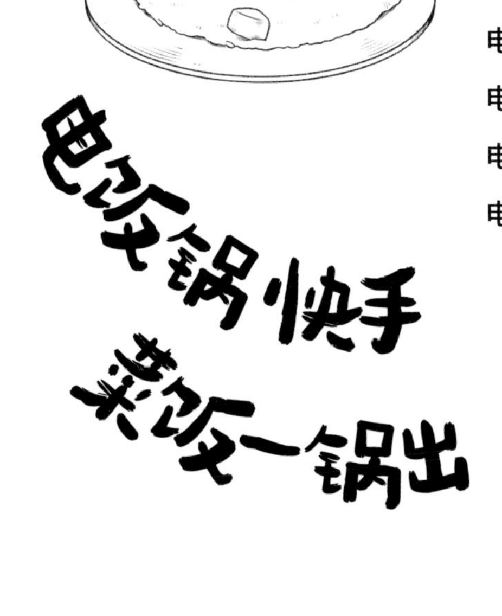

电饭锅快手菜饭一锅出

小吃零食点心 健康美味

滋味小粥

做好面食，刮目相看

工具说明

关于计量工具

根据以往的经验，大部分中餐食谱在调味料说明方面，通常会写“适量”，如适量盐、适量糖。具体放多少，谁也不知道，导致看食谱学做菜的朋友们操作起来容易失败。还有一种情况，就是调味料用量写得太精准，如盐几克、糖几克、酱油几克。做饭之前恨不得用厨房秤忙活半小时，才能计量出各种调味料的用量，这种写法也不实用。

我做了 10 年食谱教程，在这个过程中摸索出一套定量方法，用每家都有的、最普通的瓷勺和盐勺来进行调味料的定量，使朋友们依食谱做菜的成功率大增，操作起来也最简单。

如下图所示，书中所有食谱中提到的“瓷勺”是指位置 1 的这种普通瓷勺；“盐勺”指位置 2 的这种小盐勺。

关于锅的选用

炒锅是家里最常用的炊具。对厨房新手而言，不粘锅是十分友好的：锅体轻便，不粘、不易煳、受热均匀，也不会出现快速冒油烟的情况。

铁炒锅是很多中餐爱好者的“心头好”，保养好的铁炒锅油润润的，优点是导热快、耐用，能承受爆炒的高温；缺点是需要保养，锅体比较沉重，冒的油烟也较多。

炖锅要选导热均匀、蓄热好的，砂锅和铸铁珐琅锅都是炖菜、炖汤时不错的选择。依我的经验，铸铁珐琅锅和砂锅以同样的时间炖肉，炖出来的肉都比炒锅炖出的酥烂很多，肉的香气也更好。端上桌，吃到饭罢也还是温热的，十分提升幸福指数。

电饭锅、电炖锅、电蒸锅和高压锅也是厨房的好帮手，适合无法长时间盯着火的朋友。有句话叫“厨房用火不离人”，人不盯着火，就有安全风险。这些到时间能够自己断电的电锅，使我们得到了解放，尤其是对家里的老人来说，电锅比明火锅安全不少。

家宴硬菜
高成功率食谱
私房大盘鸡、重庆辣子鸡、清蒸鲈鱼
西红柿炖牛腩、芦笋马蹄炒虾仁
家常木须肉、自制毛血旺
电饭锅版羊肉手抓饭
电饭锅香嫩肥牛饭、烤箱
版香辣烤鱼、家常烧带鱼、炸小
酥肉、快手榴莲酥、红油
凉皮、皮蛋瘦肉粥
香酥千层肉饼

私房大盘鸡

大盘鸡是风靡全国的美食，其特有的香气来自新疆本地的调味料。大盘鸡里的土豆、汤汁拌拉条子都是我的最爱。每次吃大盘鸡，我都吃得汤都不剩，但以前在家里一直做不出外面餐厅的味道。

前几年的一次旅行中，我认识了一位朋友，他居然是在北京开正宗新疆风味餐厅的新疆人。回京后，我赶紧去他的店里品尝，并向他请教了大盘鸡的做法。他送我从新疆空运来的辣皮子和干线椒，教我详细做法，于是有了这个珍贵的食谱。我进行了改良，使之更适合在家里做，做出来的成品很好吃，非常好吃，大盘鸡爱好者看到就偷着乐吧！

a

食材

调味料

三黄鸡 **1只**
螺丝椒 **2根**
黄心土豆 **1个**
拉条子 **1小盘**

食用油 **2瓷勺**
鲜味酱油 **2瓷勺**
料酒 **4瓷勺**
盐 **适量**
郫县豆瓣酱 **1瓷勺**

草果 **1颗**
桂皮 **1根**
小茴香 **1瓷勺**
八角 **2颗**
花椒 **1瓷勺**

香叶 **1片**
白胡椒粉 **1瓷勺**
白糖 **5瓷勺**
啤酒 **1瓶**
新疆辣皮子 **6根**

新疆干线椒 **4根**
大葱 **1根**
生姜 **1块**
大蒜 **8瓣**

大雄唠叨

a 我用的是市售最普通的鸡，如果你用土鸡烹饪，做步骤 7 时要先把鸡肉炖得烂如土豆。辣皮子是一种新疆特有的辣椒，是做大盘鸡时不可或缺的调味料之一，在网上很容易买到。有些新疆大盘鸡的地道做法中不会放郫县豆瓣酱，但我觉得放一点味道更好，因此做了改良。

烹饪步骤

1 将鸡剁成块，多清洗几遍，沥干水备用。

2 新疆干线椒 4 根，每根用剪刀剪成两段；大葱取葱白，切段；生姜一小块，切 6 片；大蒜 8 瓣，拍裂；螺丝椒 2 根，切块（3 厘米长）；新疆辣皮子 6 根，用冷水泡发，切段（2~3 厘米长）；黄心土豆 1 个，切成半厘米厚的厚片，泡在冷水里。

3 上炒锅，开小火，倒 2 瓷勺食用油，入 5 瓷勺白糖，不停搅动，至白糖变成可乐色，开始冒泡为宜，此时马上倒入鸡块。

4 转大火，翻炒鸡肉使其均匀上色。放入所有香料（草果 1 颗、八角 2 颗、桂皮 1 根、香叶 1 片、小茴香 1 瓷勺、花椒 1 瓷勺），放入剪好的新疆干线椒、葱（葱放一半）、姜、蒜，继续翻炒。

5 炒至鸡肉干爽、锅内没有水分时，入 1 瓷勺郫县豆瓣酱、4 瓷勺料酒，翻炒均匀。然后入切好的新疆辣皮子，继续翻炒 3 分钟，让鸡肉均匀上色。

6 鸡肉上色后，保持大火，倒入啤酒，让液体没过食材。若啤酒不够，清水来凑。继续调味，入 2 瓷勺鲜味酱油、1 瓷勺白胡椒粉。尝尝汤汁的味道，如果不够咸，可以加盐。

7 加入切好的土豆厚片，让汤水没过土豆，盖上盖子，用中火炖 15 分钟。时间到，再入螺丝椒段，还有剩余的一半葱段。转大火，稍微收一下汁即可出锅。

8 另起一小锅，煮拉条子，捞出，铺在盘子里，倒入烹饪好的鸡肉，大盘鸡香喷喷地上桌喽。

大雄唠叨

多种辣椒混合会呈现出清新又独特的辣味。土豆片备用时要泡在水里，防止其氧化变色。

大雄唠叨

买鸡的时候最好让热心的摊主帮忙剁了。

大雄唠叨

黄心土豆容易熟，15 分钟就煮得很面了，最后收汁的时候不要收得太干。

重庆辣子鸡

辣子鸡有很多种，南北不同，各有特色。我以前做过山东枣庄的辣子鸡，可以说是在鸡块里找辣子吃；四川和重庆的辣子鸡则是在辣子里找鸡块吃。辣子鸡酥香麻辣，是绝对的下酒好菜。在家里做，不仅可以挑肉多的部分作为主料，还可以得到一瓶醇香的鸡油、花椒油、辣椒油，拌菜、炒菜都特别香。炒鸡食谱里必须有重庆辣子鸡这道菜的一席之地。这个食谱是我改良后的版本，加入了洋葱等食材，辣度也做了调整，北方朋友也可以试试看。

食材

鸡翅中 **8个**
辣花生 **适量**
红绿美人椒 **2根**
洋葱 **1/2个**
螺丝椒 **1根**

调味料

料酒 **3瓷勺**
鲜味酱油 **2瓷勺**
盐 **适量**
白糖 **2盐勺**
白胡椒粉 **1盐勺**
食用油 **适量**
生姜 **1块**
大蒜 **5～6瓣**
花椒 **1瓷勺**
干辣椒 **适量**

烹饪步骤

1 生姜去皮后切成片，大蒜去掉蒜屁股后切成片，红绿美人椒斜切成段，螺丝椒切成圈，洋葱切成丝，鸡翅中切成 3 段，将清洗干净的干辣椒用剪刀剪成段。

2 用厨房纸巾吸附鸡翅中的水分，在鸡翅中里加入盐、料酒、两片生姜、少许洋葱丝、1 盐勺白胡椒粉，抓匀，腌制 15 分钟。

3 鸡翅中腌制好后，挑出洋葱丝、姜片。

4 倒入适量食用油，油烧到四成热，筷子入锅冒小气泡为佳，倒入鸡翅中，中火炸至鸡肉收缩后捞出。

5 不要关火，调为大火，倒入鸡翅中复炸，炸至金黄色，加入干辣椒、花椒，再炸 1 分钟捞起出锅。

6 鸡翅中和干辣椒捞起后，将锅中剩下的一部分油留起来（可以炒菜或是拌面）。剩少许在锅内，加入洋葱丝、大蒜、生姜、红绿美人椒，炒香；将炸好的鸡块和干辣椒倒入，放 2 瓷勺鲜味酱油、2 盐勺白糖、适量盐；加入辣花生、螺丝椒，翻炒均匀出锅。这次就是彻底出锅，可以开吃了！

大雄唠叨

腌制主要为了去腥、入味。

大雄唠叨

干辣椒清洗过后有一定的水分，炸的时候不容易煳。

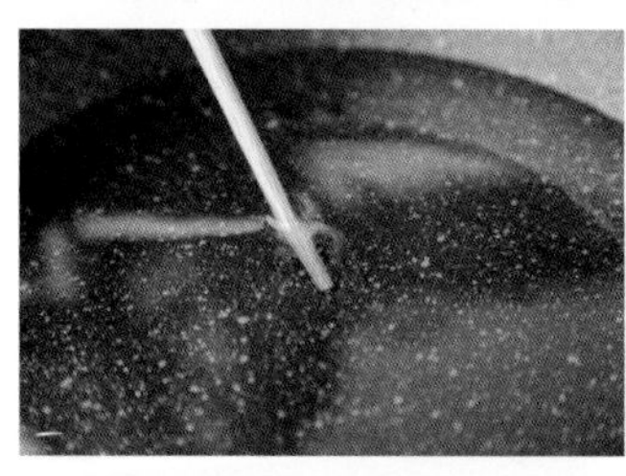

大雄唠叨

放白糖是为了中和味道，并不会太甜。最后才放螺丝椒，保留了鲜辣味，它和干辣椒、红绿美人椒一起给辣子鸡提供了不同层次的香辣口感，吃起来开胃爽口。

大雄唠叨

炸鸡的油要多倒一些，不用担心浪费，做完这道菜，这些油就变成香喷喷的辣椒油、花椒油了，用于拌面或者炒菜都很香。复炸的油温需要比头一次高，记得把油烟机开到最大挡。

辣炒孜然掌中宝

有一次好友请吃饭，去了一家本地有名的烧烤店，我们吃得非常开心。尤其是店里的烤掌中宝，口感独特，香喷喷的，大家都吃了很多。回家后我就开始研究这道菜的做法，于是有了这道好吃的辣炒孜然掌中宝，是下酒好菜，味道比烧烤店烤出来的还好，自己在家做可实惠多了。

a

食材

调味料

掌中宝（鸡） **500克**　螺丝椒 **1根**

食用油 **1瓷勺**　料酒 **3瓷勺**　鲜味酱油 **3瓷勺**　白糖 **1盐勺**　盐 **1盐勺**　孜然 **1瓷勺**　小茴香 **1瓷勺**　小米辣 **3～4根**　大蒜 **4～5瓣**　生姜 **1块**

大雄唠叨

a 掌中宝其实是鸡的软骨，并不是我们依名字想象的鸡爪中间的肉。将孜然和小茴香这两种香料一放，烧烤店的味道就出来了，所以是不可或缺的。

烹饪步骤

1 螺丝椒洗净后，切拇指长大块；小米辣把尾巴去掉，保留完整形状；生姜去皮后切小圆粒。

2 将掌中宝放入锅中焯水，冷水下锅，烧开后捞出洗净，沥干水分，放一旁备用。

3 锅中倒入 1 瓷勺食用油，开大火把油烧到三四成热（手放在锅的上方有热气），倒入掌中宝，同时入蒜粒、姜粒。转中火，相对长时间地煸炒，将掌中宝的油脂炒出来。把炒出的多余油脂倒出来，这样菜才不油腻。香喷喷的鸡油别扔，可以煮面时放一些，是点睛的油。

4 将掌中宝煸炒至金黄色时，沿着锅边烹入 3 瓷勺料酒，放入 3 瓷勺鲜味酱油，翻炒均匀后转大火，加开水至没过食材。

5 调味时放入 1 盐勺白糖和 1 盐勺盐，敞着锅盖用大火收汁，待收汁差不多时（几分钟就好）加入 1 瓷勺孜然、1 瓷勺小茴香，入螺丝椒和小米辣，翻炒几下，待辣味出来即可关火出锅。

大雄唠叨

b 如果你不爱吃辣，可以不放小米辣。

c 掌中宝的腥味是比较重的，所以需要焯水。味道比较大的食材都要用冷水焯水。

d 做鸡肉料理的一个经典方式就是把肉里的水分尽可能地炒出去，然后加调味料和水，把味道煮进去。这样做出来的鸡肉非常入味、非常香浓，大家在做炒鸡的时候也可以试试。

e 孜然、小茴香就是烧烤的味道，螺丝椒有清新的辣味，它和小米辣组成复合辣味，特别开胃。

红烧凤爪虎皮蛋

以鸡爪为食材的菜肴，最出名的是粤式早茶中的豉汁凤爪。但在家做豉汁凤爪太过危险，乒乒乓乓好似炸厨房。其实鸡爪以其他做法烹饪也好吃，比如这道红烧凤爪，安全易做，配上吸汁的虎皮鹌鹑蛋，很美味。

a

食材

鸡爪 **1 千克**

螺丝椒 **1/2 根**

鹌鹑蛋（熟） **10 个**

调味料

食用油 **5 瓷勺**

米醋 **2 瓷勺**

香叶 **2 片**

料酒 **7 瓷勺**

八角 **3 颗**

冰糖 **6 颗**

桂皮 **约 2 块**

盐 **3 盐勺**

生抽 **4 瓷勺**

小米辣 **1 根**

老抽 **2 瓷勺**

生姜 **1 块**

大雄唠叨

a 鸡爪要从正规渠道购买，最好是品牌的，外观要正常。过于肥大、过于白嫩的鸡爪就不要买了，可能是被“泡过药”的。

烹饪步骤

1 螺丝椒半根，斜切小段（2 厘米长）；生姜 1 块，切 10 片，5 片切丝；小米辣 1 根，切圈。

2 剪掉指甲，斩掉骨头，将鸡爪从中间一切两半。

3 开大火，锅内入 2 瓷勺食用油，放入 10 个煮熟的鹌鹑蛋，加入 1 盐勺盐。不时晃锅，待鹌鹑蛋比较均匀地出现金黄色虎皮花纹时盛出备用。

4 鸡爪冷水下锅，开大火；入 3 瓷勺料酒、5 片生姜、1 块桂皮、2 颗八角、1 片香叶；煮出血沫后，将之撇掉；水清后继续煮 5 分钟，充分去除异味；捞出沥干水分。

5 上锅，开大火，入 3 瓷勺食用油，手放在锅口，感到有热气后入鸡爪；入 6 颗冰糖，入生姜丝、1 颗八角、1 片香叶、半块桂皮，翻炒均匀；沿锅边烹入 4 瓷勺料酒，待酒精挥发后，入 2 瓷勺米醋、4 瓷勺生抽、2 瓷勺老抽，翻炒均匀；入小米辣、2 盐勺盐，倒入开水，没过鸡爪，换炖锅（铸铁珐琅锅或砂锅）。

6 炖锅中入虎皮蛋，大火烧开，盖上盖子；转小火，炖 20 分钟；转大火收汁，加入螺丝椒，煮两分钟，完成。

大雄唠叨

我很喜欢螺丝椒，做肉类菜临出锅时放一点，菜立刻有一种清新的香气和微辣的口感。

大雄唠叨

在菜市场，可请热心摊主帮忙处理鸡爪。

大雄唠叨

虎皮蛋都是这个做法。如果没有鹌鹑蛋，用鸡蛋也没问题，记得要提前煮熟。

大雄唠叨

炖菜用炖锅，煮出来的食物最香，比如铸铁珐琅锅、砂锅。若没有，用炒锅炖也可以。

大雄唠叨

鸡爪属于异味较重的食材，需冷水下锅焯水，加入料酒和生姜片都是为了去腥，水开后煮透，才能很好地去除异味。

大雄唠叨

红烧凤爪和红烧肉的做法差不多，只不过鸡爪的下料要更重一些，要盖住鸡爪的异味，调出香味。需要注意，不要等油温太高再放入鸡爪，会容易溅油。

台湾三杯鸡

每次进台湾风味菜馆必吃三杯鸡，鸡肉喷香、有弹性，混合新鲜罗勒叶的特殊香气，是非常精致、耐吃的一道鸡肉菜。

我和大厨讨教做法后发现，这道菜在家做也很简单、快手。

江西也做三杯鸡，但不放罗勒叶，而是放大量辣椒，吃起来也很过瘾。

a

食材

新鲜鸡肉 **800 克**

小洋葱 **6 个**

调味料

食用油 **3 瓷勺**

生抽 **5 瓷勺**

老抽 **1/2 瓷勺**

白胡椒粉 **1/2 瓷勺**

白糖 **1 瓷勺**

米醋 **1 瓷勺**

盐 **1 盐勺**

蚝油 **2 瓷勺**

白酒 **4 瓷勺**

香油 **3 瓷勺**

大蒜 **10 瓣**

生姜 **1 块**

鲜罗勒叶 **1 把**

大雄唠叨

a 用整鸡、鸡腿、鸡翅均可，只是别用难熟的老母鸡。小洋葱可用普通紫洋葱代替，白酒可用料酒代替，使用米醋、香醋均可。

烹饪步骤

1 将新鲜鸡肉剁成小块，清水洗净，沥水，放入大碗中，加 1 盐勺盐、2 瓷勺白酒、半瓷勺白胡椒粉、半瓷勺老抽，拌匀，腌制 15 分钟以上。

2 生姜 1 小块，切成粒；大蒜 10 瓣左右，切掉蒜屁股；小洋葱 6 个，对半切开。

3 上锅，开中火，入 3 瓷勺食用油，随后放入切好的大蒜、生姜、小洋葱。煸炒出香气后，倒入腌好的鸡肉，保持中火，不断翻炒，至鸡肉变色、体积明显缩小。

4 保持中火，入 3 瓷勺香油、5 瓷勺生抽、1 瓷勺白糖，翻炒均匀；再入 1 瓷勺米醋、2 瓷勺白酒，翻炒均匀。盖锅盖，用中火焖 3 分钟。

5 入 2 瓷勺蚝油，尝味道，酌情加盐 。最后撒上 1 把鲜罗勒叶，盖上锅盖，焖 1 分钟。关火，出锅，香气四溢。

大雄唠叨

b 因为三杯鸡中的食材是炒熟的，所以鸡块要小一些，这样更容易炒熟和入味。做肉菜时我喜欢放些高度数的白酒，比如 52 度的二锅头，去腥、增香，效果十分明显。

c 这里有一个小窍门：同时入锅炒制的食材切成差不多大小，就不会出现一种食材煳了而另一种食材还没炒到位的情况。

d　第一次做这道菜，建议用不粘锅，保持中火，更易操作。鸡肉多炒一会儿，使之体积明显缩小，这样味道就不会腥，挥发掉水分，还利于鸡肉入味。

e　香油给这道菜增加了特殊的香气，不能少。如果您家的灶台火力很旺，此时就用小火，总之注意别煳底。一滴水都不要加，鸡肉、洋葱和调味料的水分足够了，加水的话，味道就淡了。

f　鲜罗勒叶真是点睛之笔，香气渗进鸡肉，清香爽气，开胃解腻。

自制毛血旺

毛血旺是一道川渝名吃，红汤油亮，麻辣鲜香，鸭血嫩滑，毛肚爽脆，加上各类配菜，吃起来十分过瘾。因为配料过多，制作起来比较麻烦，所以大家一般是下馆子的时候吃。其实这道菜在家也可以做，而且更干净、更放心，还能想吃就吃。

食材

毛肚 **200 克**

百叶 **200 克**

熟肥肠 **200 克**

鸭血 **1 盒**

火腿肠 **2 根**

魔芋丝 **1 盒**

黄豆芽 **150 克**

香菇 **2 ~ 3 朵**

调味料

盐 **1 盐勺**

味精 **1/2 瓷勺**

生抽 **2 瓷勺**

花椒 **2 瓷勺**

火锅底料 **3 瓷勺**

泡椒酱 **1.5 瓷勺**

郫县豆瓣酱 **1 瓷勺**

菜籽油 **6 瓷勺**

植物油 **5 瓷勺**

小葱 **1 ~ 2 根**

生姜 **1 块**

大蒜 **4 瓣**

干朝天椒段 **1/2 碗**

烹饪步骤

1 大蒜一半切蒜片（炒菜用），一半切蒜末（浇油用）；小葱切葱花；生姜切片；鸭血切片；香菇切片；火腿肠切滚刀块。

2 做非常重要的糍粑辣椒酱：将少量水放入锅中，倒入半碗多干朝天椒段，水开后煮5分钟。把水沥干，捞出辣椒段，将其剁碎后就成了糍粑辣椒酱。

3 烧一锅水，水开后放入黄豆芽，焯2分钟。

4 不用换水，捞出黄豆芽后，先放鸭血，然后放香菇、熟肥肠、魔芋丝、火腿肠。开锅后煮2分钟，盛出。

5 热锅，放入1瓷勺植物油，油热后放入焯好的黄豆芽，再放入1盐勺尖盐，翻炒均匀。

6 把炒好的黄豆芽放入准备盛放毛血旺的容器中，做垫底配菜。

7 热锅中放入4瓷勺菜籽油、2瓷勺植物油，油热后放入3瓷勺糍粑辣椒酱、1.5瓷勺泡椒酱、1瓷勺郫县豆瓣酱，再放入1瓷勺花椒、2瓣蒜的蒜片、与蒜片等量的姜片，中火煸炒2分钟，放入3瓷勺火锅底料，炒化。

8 在炒好的底料中加入开水，放入1/2瓷勺味精、2瓷勺生抽，尝一下味道。如果不咸，再放盐。

9 放入煮好的鸭血、香菇、熟肥肠、魔芋丝、火腿肠，最后放入毛肚、百叶，搅拌均匀，中火煮2分钟（时间长的话，毛肚就不脆了），尝一下味道，不咸再加盐。

10 把煮好的食材放入盛豆芽的容器中，在最上面堆上蒜末。

11 锅中放入2瓷勺菜籽油、2瓷勺植物油、1瓷勺花椒、2瓷勺干朝天椒段，翻炒至辣椒、花椒出香味，关火。

12 把炒好的油迅速浇到蒜末上，美味大功告成，撒上葱花用作点缀。

注意，毛肚和百叶一定不要焯水，否则就不爽脆了，正式烹饪时直接用就行。

如果不想做糍粑辣椒酱，在网上可以买到现成的。

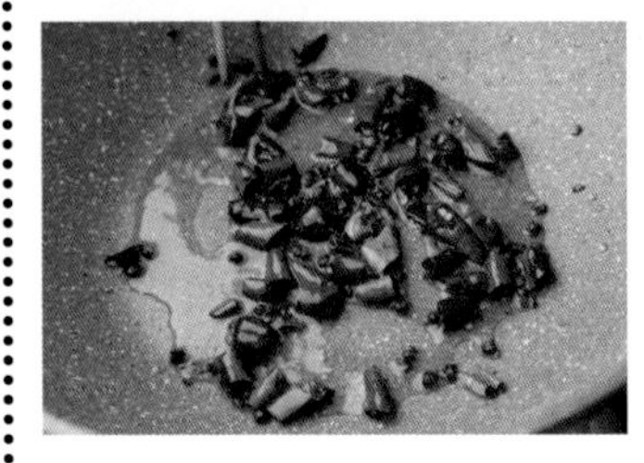

大雄唠叨

水量多少按照全部食材的量来衡量，以稍微没过全部食材为宜。

电饭锅酱牛肉

酱牛肉是最好的肉类凉菜之一，可以一次多做些。这道菜耐储存，上桌之前切一盘，家人都喜欢。酱牛肉通常用脂肪含量低的牛腱肉，健身教练也会支持你吃这道健康的肉菜。

不少朋友做酱牛肉时容易煮过头，肉就散了。其实用电饭锅来做酱牛肉是个不错的选择，它可以很好地帮我们控制时间、立体加热，牛肉煮出来也香，还不用总盯着火，我喜欢用电饭锅做酱牛肉！

食材

牛腱肉 **1千克**　　香菜 **1小把**

调味料

料酒 **6瓷勺**　　黄豆酱 **2瓷勺**　　陈皮 **1块**

鲜味酱油 **2瓷勺**　　花椒 **2克**　　小茴香 **2克**

老抽 **2瓷勺**　　八角 **2颗**　　草果 **1颗**

白糖 **2瓷勺**　　香叶 **1片**　　大葱 **1根**

红腐乳汁 **2瓷勺**　　桂皮 **1根**　　生姜 **1块**

烹饪步骤

1 先做个香料包，牛腱肉 1 千克，我配了如下香料：八角 2 颗、花椒 2 克、陈皮 1 块、小茴香 2 克、香叶 1 片、桂皮 1 根、草果 1 颗。

2 调碗神秘酱汁：取 6 瓷勺料酒、2 瓷勺老抽、2 瓷勺鲜味酱油、2 瓷勺红腐乳汁、2 瓷勺黄豆酱、2 瓷勺白糖，共同加入碗中，搅匀。

3 大葱切段（食指一个关节的长度），生姜切 6 片左右。

4 将牛腱肉静置水中 1 小时，中间换两次水，切大块（一个拳头大小）。一些朋友对肉类的腥味敏感，用大盆冷水浸泡肉类食材是去腥的好办法，可以去掉不少肉里的血水。牛腱肉必须切大块，煮出来口感才对，切小块就变成炖牛肉了。

5 将切块的牛腱肉冷水下锅，大火焯水，会有很多血沫漂上来，用勺子捞出，直到不再有血沫为止。此时你会看到汤变清了，则说明牛腱肉焯水完成。

6 将焯好的牛腱肉放入电饭锅，入葱段、生姜片、香菜，倒入调好的酱汁，再倒入刚才焯肉的水，刚刚没过牛腱肉即可。最后把香料包浸入汤汁，摁煮饭键，煮 1 小时左右，捞出。

7 捞出放凉，再放入冰箱冷藏，吃的时候再切片就很好切了，肉完全不会散。

大雄唠叨

a 用的香料种类不算少，但量都不大，因为不应让香料的味道抢了牛肉的香味。如果你来不及准备全部香料，少个两三种，影响不大，不仔细品，吃不出区别。家中备些无纺布或者纱布材质的调料包，炖菜时使用则更方便。

b 酱汁定量，就能保证你每次做出来的肉味道一致。各种调味料的咸度已经足够，所以无须加盐。如果没有红腐乳汁，用红腐乳也可以。

c 肉类焯水时要冷水下锅，随着水温上升，肉里的血和油会出来得更多。如果开水下锅，血和油就被锁在肉里面了，会影响口感。焯水时锅边备一个盆，装 1/3 盆冷水，撇出血沫的勺子每次在冷水中涮一下就变干净了。

d 电饭锅是个好厨电，立体加热，不用人看着，到时间自己就关火了。如果你的电饭锅煮不到 1 小时就关火了，就再按一次。

e 剩下的汤汁可以用来卤牛肉，越熬越香。这样的汤汁做牛肉面也是极好的，面条煮熟捞出，切几片牛肉，浇一勺炖肉的汤汁，比外面卖的牛肉面好吃多了。

番茄炖牛腩

第一次吃番茄炖牛腩还是在我小时候，在北京的一家小饭馆里。菜用一个类似干锅的容器装着，牛肉炖得不太烂，但还是被吃光了。那是我第一次吃到番茄和牛肉搭配在一起的菜肴，味蕾被震撼了。现在，我家经常做这道菜，孩子爱吃，来客人时做这道菜也受欢迎，没人不喜欢番茄和牛肉的组合。

食材

番茄 **4 个**

香菜 **1 小把**

牛腩 **800 克**

调味料

盐 **1 瓷勺**

小葱 **2 根**

料酒 **4 瓷勺**

大蒜 **4 瓣**

香叶 **2 片**

生姜 **1 块**

八角 **2 颗**

番茄沙司 **小半碗**

食用油 **1 瓷勺**

大雄唠叨

a 经常有人问番茄沙司和番茄酱有何区别，你可以将之理解为番茄沙司是经过调味的，酸甜可口，可直接生吃的酱品；而番茄酱是浓缩番茄，没经过调味，一般用于烹饪，需要加热一下才可食用。

烹饪步骤

1 生姜，切6片左右；大蒜4瓣，切掉蒜屁股；香菜1小把，切碎；小葱2根，打结；牛腩800克，切成2厘米左右的四方块。

2 锅内加入冷水，入牛腩，加入2瓷勺料酒、3片姜。开大火，煮出血沫，不断捞出血沫至清水状态，连汤一起倒入压力锅。再入3片姜、2颗八角、4瓣蒜、2片香叶、小葱结、2瓷勺料酒，搅匀；入1瓷勺盐，用压力锅煮40分钟。

3 番茄4个，表面开十字花刀，切面朝下放入开水，烫至皮开裂，捞出放凉，去皮，切小块；锅底入1瓷勺食用油，开大火，加入番茄丁，翻炒出汁；加入小半碗番茄沙司，至番茄炒碎，汤汁变浓稠，即可关火。

4 牛腩炖好后，挑出葱、姜等调料，将肉和汤倒入锅内，开大火熬制收汁，不停翻搅，以防粘锅。尝尝咸淡，可根据个人口味再加盐。最后加入香菜末，搅匀，大功告成。

大雄唠叨

b 用香菜配这道菜是我自己的习惯，其他厨师似乎很少这样配料。但我觉得香菜的味道还挺重要的，对菜品口味的提升不是一点点。当然，不喜香菜的人就不必勉强，这道菜不加香菜也很好吃。

c 如果你家没有压力锅，就用炖锅，炖一个半小时也没问题。

牛排两吃

不喜欢食物中有血水的人该如何把牛排煎得外焦里嫩呢？还有一些朋友问做牛排总做不熟，或者牛排做得像石头一样硬怎么办？我这里有一个自己在家吃牛排的食谱，分享给大家。家里的小朋友不爱吃大块牛排的话，也可以用这种方法做牛肉粒给他们吃。

a

食材

牛排　**2 块**

调味料

黑椒汁　**2 小碗**　　白酒　**1 瓷勺**

黄油　**20 克**

大雄唠叨

a　醒牛排，就是把牛排放到一个暖和的地方，让它自己吸收一下汁水。如果室温太低，可以放进烤箱里，设定 50 摄氏度放置 3 分钟。如果要洗肉，记得用冷水冲洗肉表面即可，不要长时间用水浸泡牛排。牛排洗完要用厨房纸巾吸掉表面水分。

烹饪步骤

一、牛排做法

1 将牛排充分解冻，即醒牛排。大火烧热牛排锅，把手放在锅上方，感受到热气上升就可以了。直接将牛排放在锅中，静置不动，煎 2 分钟；翻面，再煎 2 分钟。

2 用筷子或者牛排夹把牛排侧放立住，慢慢转着煎，大概 1 分钟即可将牛排盛出。

3 把黄油放入黑椒汁中裹一下，直接放入锅中。待黄油融化后，放入刚才煎好的牛排，让它两面都蘸满黑椒汁。把牛排盛出放到烤架上，醒 3 分钟就可以吃了。

二、牛肉粒做法

1 牛排充分解冻后，先切成条，再切成小粒。

2 牛排锅大火烧热，把手放在锅上方，感受到热气就可以了。直接在锅中放入牛肉粒，煎至每个牛肉粒表面都变色，再加入 1 瓷勺白酒，翻炒 1 分钟左右。

3 放入 1 块黄油、黑椒汁（也可以根据自己的口味放黑胡椒粉和盐），翻炒至黄油融化，即可盛出。

大雄唠叨

b 待锅内温度足够热时再放牛排，这样可以及时锁住牛排的汁水，也可以将牛排表面煎出更大面积的焦黄色。注意不用放油。我用的牛排是 2 厘米厚的，正反面各煎 2 分钟即可。如果是 3 厘米厚的牛排，正反面应各煎 3 分钟。

c 依据牛排的肥瘦程度调整时间，如果牛排边缘比较肥，可以立起来多煎 1 分钟。

d 因为黑椒汁里含盐，所以在这个步骤就没另外加盐。如果吃起来觉得味不够，可以自己再加盐和黑胡椒粉。

e 如果不喜欢吃大块牛排，就切成牛肉粒煎制。牛肉粒炒好就不用醒了，上桌直接开吃。

f 将大块牛排切开，成品外焦里嫩，没有血水，很符合我们大部分人对牛排的要求。牛肉粒同样鲜爽，汁水紧紧包裹在肉里面，吃起来香嫩可口，全家可以共享。

德国脆皮大肘子

这是一道需要花一点时间且制作起来有些复杂的菜，适合在家里消磨时光、带点闲情去做。等做好了，配上一杯啤酒和明媚的心情一起享用。

食材

肘子 **1个**

调味料

盐 **适量**

黑胡椒粉 **适量**

a

大雄唠叨

a 前肘肉多，后肘筋多，根据自己的口味挑选就行（图片里的洋葱是来“凑数”的）。

烹饪步骤

1 在肘子上撒盐和黑胡椒粉，铺满肘子表面，用手抹匀，按摩一下。

2 把肘子放在容器中，腌制 30 分钟。

3 将腌好的肘子放入蒸锅，大火将水烧开后，转小火，蒸 1 小时。

4 取出蒸好的肘子放在烤盘上，入烤箱，设置 140 摄氏度的上下火，烤 1.5 小时。

5 改为上下火 180 摄氏度，再烤 10 分钟，用来上色。这段时间可以洗一些生菜、小番茄之类的小菜做装饰，顺便可以先吃点开胃小菜。到时间后，马上将肘子拿出来摆盘，就可以吃啦！

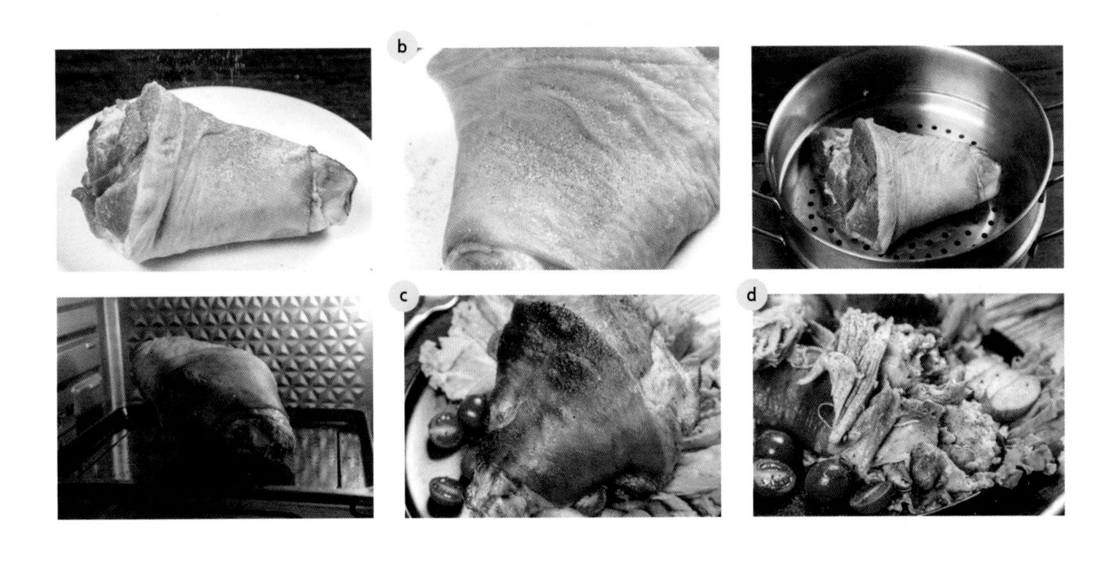

大雄唠叨

b 如果有时间，最好将肘子撒上盐和黑胡椒粉之后封上保鲜膜，放入冰箱冷藏，腌一晚上，这样更加入味。

c 肘子烤好后要马上从烤箱中拿出来，这样做可以保证肘子表皮更脆。

d 香酥爽脆的肘子皮，一口咬上去，咔嚓咔嚓，真是极致美味！可以备上些好吃的酸菜、酸黄瓜，解腻开胃。配上一杯啤酒，则完整还原了德式大肘子吃法！下午茶时光，谁说不能来点肉？整上！

古法红烧肉

这道古法红烧肉是杭州著名老字号黄鹤楼曾经的中餐厨师长沈师傅教我的。我这个食谱是杭帮菜红烧肉最传统的做法，其实也可以叫东坡肉，做出来高端、大气。其实做法并不复杂，也不难，主要是火候要掌握得当，做出来的菜肴就会好吃。

a

食材

五花肉 **1千克**

调味料

黄酒 **500毫升**

鲜味酱油 **1/2碗**

老抽 **3瓷勺**

白糖 **1/2碗**

生姜 **1块**

大葱 **1～2根**

大雄唠叨

a 这道菜一定要用优质五花肉。我教大家一个挑选五花肉的方法，用手扯一下肉皮和下面的肉，如果被拉得很长，中间有类似膜的东西，说明肉不好，不要买；几层肉都紧实贴在一起的才是好的五花肉。另外，本食谱中的黄酒不能用料酒代替。

烹饪步骤

1 取大葱的葱白，切段（长度依据炖肉的锅底长度为准），4～5段铺在锅底。生姜，切5片，也铺在锅底。

2 买回来的五花肉先用冷水浸泡1小时，泡出血水，再放入冰箱冷冻20分钟，方便切块，切成7厘米左右的方块即可。

3 肉皮朝下码入锅中，加入半碗（普通吃饭小碗）鲜味酱油、半碗白糖（鲜味酱油和白糖的比例为1：1），再入3瓷勺老抽调色，然后倒入1整瓶黄酒（500毫升），没过肉表面。

4 盖上盖子，大火烧开之后立刻调至最小火，炖足2小时，出锅。这道菜的味道真的会令你感到惊艳。

大雄唠叨

b 大葱铺在锅底，既入味又防止肉贴锅煳掉，所以切大葱的时候要比一下锅底的长度，按锅切。

c 猪肉不要焯水，否则容易影响肉的形状，用冷水浸泡也能去腥、去血水。放入冰箱冷冻一下，肉在半冻状态切起来会容易很多，这也是一个小技巧。

d 肉皮朝下会更好地上色，这道菜会用很多白糖。

e 做红烧肉，最重要的就是火候，火候足了就好吃。一定要炖够2小时，这样做出来就能体会到什么是入口即化。

秘制鲍鱼红烧肉

我在一家知名餐厅吃过饭，那家餐厅的招牌菜是松露鲍鱼红烧肉，浓油赤酱，鲍鱼吸收了足够的肉汁，口感、味道也很突出。回家后念念不忘，我便请教厨师，后来试做成功，于是有了这个食谱。如果在菜肴上面撒一些黑松露（云南的黑松露并不贵，网上购买很方便），就是一道家常的松露鲍鱼红烧肉了，成本可比外面低多了，无论是自己吃还是拿出来待客，都很体面。

a

食材

五花肉 **500克**

鸡蛋 **2个**

鲍鱼 **6只**

调味料

八角 **1颗**

桂皮 **1根**

香叶 **1片**

冰糖 **1小把**

鲜味酱油 **5瓷勺**

老抽 **1瓷勺**

红腐乳汁 **4瓷勺**

料酒 **7瓷勺**

盐 **适量**

大葱 **1根**

生姜 **1块**

大蒜 **5瓣**

大雄唠叨

a 五花肉和鲍鱼的量可以根据个人喜好来调整，调味料按食谱给出的量来放即可。以前鲍鱼是奢侈品，近几年卖得便宜了，几块钱就可以买到一只活鲍鱼，自己在家做，味道就很好。

烹饪步骤

1 大葱，取葱白切段；大蒜 5 瓣，用刀背压一下；生姜，切 5 片左右。

2 处理五花肉表面的猪毛。取一口锅，最好是铁锅，开大火，让五花肉皮朝下，贴合在锅里，用大火炙烤，一会儿就能闻到烧毛发的味道，猪皮上也起了虎皮纹（就是有些小泡泡）。关火，用刀轻轻刮肉皮，烧焦的猪毛就可以刮掉了。

3 五花肉切正方形小块，大小在 2 厘米左右。

4 处理鲍鱼，用刀从两边划开壳，取出鲍鱼肉，洗干净备用。将鲍鱼肉斜切花刀，再转 45 度，平行切成网格条纹。

5 提前煮两个鸡蛋，剥皮备用，用鹌鹑蛋也可以。

6 肉块冷水下锅，开大火，煮出浮沫，用勺子撇干净，焯水至清汤状态。捞出猪肉，沥干水分。

大雄唠叨

b 取葱白来烹饪是因为这一段耐煮。把大蒜压一下，汁水出来后蒜味更浓郁。以猪肉为主材的菜都少不了大蒜。

c 这个步骤有两个作用：一是可以轻松、彻底地去除残留的猪毛；二是可以烧出虎皮，炖出来的五花肉皮更为酥烂，提升口感，这也是大厨常用的方法。

d 切块的大小看个人喜好，大块好看一些，小块方便吃一些。

e 通过开花刀，让鲍鱼更入味，做出来的形状也漂亮。

f 给味道大的肉类食材焯水都要冷水下锅，去除味道的效果会更好。

烹饪步骤

7 上锅，开中火，无须入油，将沥干水的肉块直接倒入锅中，放入大葱、生姜、大蒜，再入香叶 1 片、桂皮 1 根、八角 1 颗、冰糖 1 小把（30 克左右），将肉煸炒出油脂。

8 炒至五花肉微微出现金黄色焦边，沿锅边烹入 5 瓷勺料酒或黄酒，转大火，不断翻炒，至闻不到酒味。

9 转中火，入 5 瓷勺鲜味酱油、1 瓷勺老抽、4 瓷勺红腐乳汁，翻炒均匀，加入开水，没过肉表面，将食材倒入砂锅或者铸铁珐琅锅里炖煮，加入鲍鱼、水煮蛋，将 2 瓷勺料酒淋至鲍鱼表面，转大火烧开。

10 烧开后，盖上盖子，转最小火，炖足 40 分钟。开盖，转大火收汁，捡出桂皮等香料。尝尝咸淡，不够咸可以加点盐，大菜出锅。

大雄唠叨

g 五花肉富含脂肪，煸炒后非常香，要炒出多余油脂，让肉香而不腻。冰糖和肉一起炒有上色效果，比炒糖色简单多了。香料的香味物质是脂溶性的，和肉一起炒，香味出来得更好。我们做饭时需要了解一些烹饪的基本原理，知其然，更知其所以然。

h 高温使酒精快速挥发，带走肉中的腥味物质，这也是酒能去腥的原因。

i 我比较喜欢用红腐乳汁炖肉，这里的红腐乳汁可以用红腐乳块代替。红腐乳在加热过程中会产生很多氨基酸，味道非常鲜美，更能让肉的颜色变得很诱人。

腐乳红烧肉

红烧肉是国民菜，说这句话毫不过分。大江南北的家庭餐桌上，都会出现红烧肉的身影吧？红烧肉的做法很多，有些也很复杂，让不少厨房新手望而却步。我研发了这个腐乳红烧肉的食谱，无须炒糖色，做出来的颜色也极为红亮，味道咸鲜，肉肥而不腻，且调味简单，一学就会。

a

食材

五花肉 **1 千克**

调味料

香叶 **1 片**
桂皮 **1 根**
八角 **1 颗**
冰糖 **1 小把**
料酒 **4 瓷勺**
红腐乳 **2 块**
啤酒 **600 毫升**
小葱 **4 根**
生姜 **1 块**
大蒜 **5 瓣**

大雄唠叨

a 腐乳用的是红腐乳，自带红曲，能让肉的颜色变红亮。这样做出来的口感要比复杂的炒糖色做出的好。啤酒炖肉，可以让肉酥烂不腻。注意，推荐用清爽啤酒，不要用苦味重的啤酒，会导致肉发苦。如果家里没有啤酒，就放水。

烹饪步骤

1 取小葱的葱白切段，取葱绿切圈，用于最后的点缀；生姜切5片；大蒜5瓣左右，切掉蒜屁股，备用。

2 五花肉切四方块备用，大小随心。

3 将切好的五花肉冷水下锅，焯水，大火烧开，撇去血沫，捞出备用。

4 锅内无须放油，同时放入焯好水的五花肉、生姜、大蒜、1片香叶、1根桂皮、1颗八角。大火煸炒，会炒出很多油脂。炒至五花肉表面微微发黄，倒出多余的油脂。

5 入4瓷勺料酒、2块红腐乳，如果有红腐乳汁，可以入1～2瓷勺。转小火，不断翻炒，炒至五花肉均匀上色。

6 翻炒均匀后，转大火，倒入1瓶啤酒，再加一些水，要完全没过肉。放入冰糖和葱段，盖上盖子，烧开后，小火炖煮30分钟。

7 打开盖子，大火收汁，装盘，撒上碧绿的葱花，就是这么简单。

大雄唠叨

b 五花肉在猪肉中是很受欢迎的，菜市场若去晚了，好的五花肉就会被人挑走。肉块别切太小，大一些好看，口感也好。

c 焯水可以很好地去除猪肉的膻味。冷水下锅焯水，会煮出肉中的大部分血水，将肉内的杂质清理得更干净。

d 煸炒的过程可以炒出五花肉里多余的油脂，这样炖出来就不腻了。同时，放入的香料是脂溶性的，芳香物质融入油里，再融入肉里。这样做省时省力，比分开放的口味还好。

电饭锅卤猪蹄

做出一锅美味的卤猪蹄需要几个条件：一包合适的综合香料、一碗神秘酱汁、一盘香味蔬菜、一个处理猪蹄的好方法和一个电饭锅。

a

食材

猪蹄 **1 个**

调味料

蚝油 **2 瓷勺**	味精 **1/2 瓷勺**	盐 **1 瓷勺**
食用油 **1 瓷勺**	花椒 **20 粒**	草果 **1 颗**
白糖 **10 瓷勺**	八角 **2 颗**	砂仁 **1 个**
生抽 **4 瓷勺**	小茴香 **20 粒**	生姜 **1 块**
老抽 **1 瓷勺**	香叶 **1 片**	大葱 **1 根**
陈皮 **3 ~ 4 根**	白胡椒粉 **1 瓷勺**	大蒜 **1 头**
料酒 **4 瓷勺**	干辣椒段 **5 ~ 6 个**	

大雄唠叨

a　若嫌这些香料一样样地配太麻烦，可以在超市买现成的卤料包，基本材料齐全。

烹饪步骤

1 大葱切大段，生姜拍扁。用电饭锅盛一锅水，放入猪蹄、2 瓷勺料酒，盖上盖子，按下煮饭键。待开锅后撇去浮沫，再用冷水将猪蹄洗干净。

2 炒糖色：在电饭锅中放入 8 瓷勺水、1 瓷勺食用油、10 瓷勺白糖，搅拌均匀，按下煮饭键加热，同时不停搅拌，炒至焦黄色。此处炒糖色的步骤与用炒锅做的原理一样。

3 糖色炒至焦黄色后，加入足以没过猪蹄的清水，盖上盖子。水开后放入猪蹄，再放入 1 整头大蒜（无须去掉蒜瓣上的皮，洗干净即可）。

4 放入大葱段、香叶、陈皮、干辣椒段、2 颗八角、20 粒花椒、20 粒左右小茴香、1 颗草果、1 个砂仁。

5 再放入 1/2 瓷勺味精、1 瓷勺尖白胡椒粉、1 平瓷勺盐、2 瓷勺料酒、4 瓷勺生抽、1 瓷勺老抽、2 瓷勺蚝油，搅拌均匀。

6 根据个人的口感煮 1 ～ 1.5 小时（尝一下味道，可以自己调咸淡）。

7 煮熟后捞出来就可以直接吃了。喜欢吃肉烂的可以多煮一会儿。用筷子戳戳看，掌握熟烂度。

大雄唠叨

b 猪肉的味较重，加料酒是为了去腥味。撇去浮沫，再用清水洗净猪蹄，这样做会使卤猪蹄的汤色好看一些。

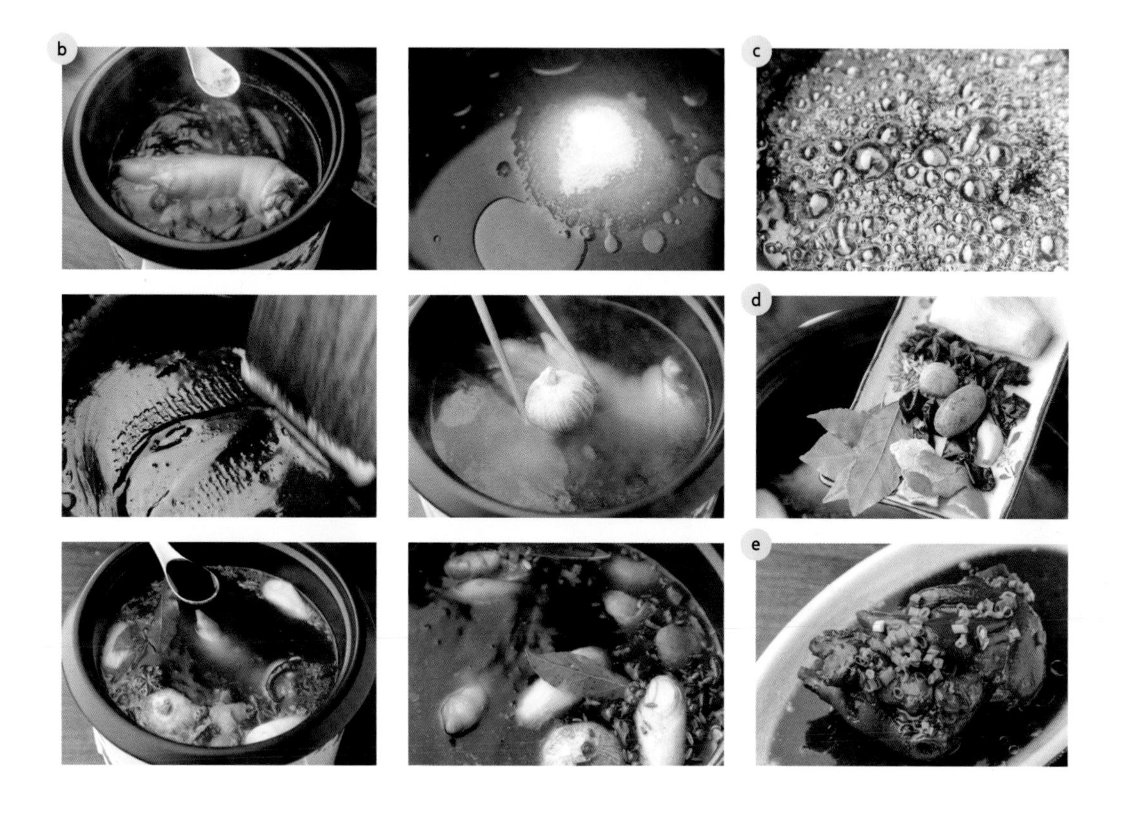

c 炒糖色的步骤稍微复杂一些，大部分人第一次做时可能掌握不好火候。记住，炒糖色的第一阶段是锅内起白色泡泡，这时候可以做挂霜；第二阶段会变成金黄色，这时可以做扒丝和糖葫芦；最后一个阶段是锅内起焦黄色的泡沫，才是我们需要的糖色。另外，电饭锅加热慢，要有耐心慢慢搅动炒制。当然也可以用炒锅上灶炒糖色，会更快一些。

d 如用现成卤料包，直接放一包进锅内即可。

e 这个食谱还可以用来卤猪蹄膀，口味不输外面的卤味摊做出的。

家庭版糖醋排骨

糖醋排骨是颇受欢迎的家常菜，可做热菜，也可做凉菜。糖醋排骨的做法很多，我家里常用的是这个做法，难度不大，味道挺好，适合在家庭厨房制作。

a

食材

排骨 **500 克**

调味料

料酒 **2 瓷勺**

生抽 **2 瓷勺**

老抽 **1 瓷勺**

食用油 **2 瓷勺**

白糖 **4 瓷勺**

米醋 **4 瓷勺**

盐 **适量**

熟白芝麻 **适量**

生姜 **1 块**

大雄唠叨

a 可以选用肋排，如果能买到小排就最好了。醋用米醋、香醋、陈醋都是可以的。

烹饪步骤

1 生姜去皮，切 5 片左右备用。

2 排骨洗净，冷水下锅，焯水；入 2 片生姜，大火烧开；撇去血沫，捞出排骨备用。

3 锅内入 2 瓷勺食用油，开大火，放入剩下的姜片，炒出香味。

4 待生姜炒出香味后，倒入排骨，中火煸炒，至排骨表面呈微微焦黄。

5 入 2 瓷勺料酒、2 瓷勺生抽、1 瓷勺老抽、4 瓷勺米醋、4 瓷勺白糖，用锅铲不断翻炒，使排骨均匀上色。

6 排骨炒好后，加入开水，刚刚没过排骨为宜，盖上锅盖，中小火煮 20 分钟。

7 打开锅盖，尝尝味道，根据自己的口味加盐。最后转大火收汁，当汤汁变浓稠时，出锅装盘。如果家里有熟白芝麻，可以撒上一些，则更加美味。

大雄唠叨

我个人很喜欢生姜加白糖的味道。这个食谱里没有放大葱和大蒜。

大雄唠叨

煸炒出排骨里的脂肪，做出的糖醋排骨更香、不腻。经过煸炒，排骨已经有八成熟了。

大雄唠叨

排骨焯水时放入生姜片可以去腥。排骨经过焯水，已经有四成熟，能够缩短后面的烹饪时间。

大雄唠叨

炖 20 分钟足够了，经过前面的焯水和煸炒，排骨很容易炖熟。如果家里有话梅，放两颗进去，味道会更好。

大雄唠叨

省略了难度较高的炒糖色步骤，用简单又精准的调味方法也能做出味道很正的糖醋排骨。

大雄唠叨

生活要有仪式感，这道糖醋排骨撒点熟白芝麻，立刻有了画龙点睛的效果。

五彩时蔬糯米蒸排骨

糯米和猪肉一起蒸，似乎味道都会很不错。也难怪，脂肪的香甜都被糯米吸收了。这道糯米蒸排骨加了不少时蔬，菜肴五彩缤纷，吃起来香而不腻，还营养均衡。蒸菜属于健康的烹饪方式，强烈推荐。

a

食材

排骨 **500 克**

糯米 **300 克**

南瓜 **1 个**

玉米 **1 根**

胡萝卜 **1 根**

鸡蛋 **1 个**

调味料

盐 **2 瓷勺**

白糖 **1 瓷勺**

生抽 **3 瓷勺**

老抽 **1/2 瓷勺**

料酒 **2 瓷勺**

白胡椒粉 **1 瓷勺**

小葱 **4 根**

大雄唠叨

a 排骨用肋排或者小排最佳，家中若没有这几种时蔬可以换别的品种或不放，也可增加自己喜欢的食材，随心所欲即可。现在市场上有种调味料叫排骨酱，如果有，也可以加一点，烹饪出的菜肴味道会更浓郁。

烹饪步骤

1 排骨冲洗干净，放入大盆冷水中，入 2 瓷勺料酒、1 瓷勺盐，浸泡半小时，捞出放入大盆中。加 3 瓷勺生抽、半瓷勺老抽、1 平瓷勺白胡椒粉、1 平瓷勺白糖、1 平瓷勺盐，再打 1 个蛋黄，拿 2 根小葱，放在手里攥一下，挤出葱汁，放入排骨中抓匀，放一旁腌制。

2 胡萝卜 1 根，先切 4 厘米左右的长段，再从侧面切成 3 段；玉米 1 根，去皮切长段（4 厘米左右），再一分为四，呈长条状；南瓜 1 个，头尾切除，再一分为二，用勺子挖去瓜瓤，再切成瓜条；小葱 2 根，葱绿切碎备用。

3 糯米 300 克，提前浸泡一晚上；将浸泡好的糯米平铺在盘子上打底；按照排骨、玉米、排骨、胡萝卜、排骨、南瓜、排骨（重复循环，也可以按照自己喜欢的顺序来摆放）的顺序依次围成一个圈，表面再撒些许糯米，不用完全盖住。

4 上蒸锅，放入足量的水（因为蒸的时间比较长）。开大火烧开水，再转中火蒸 40 分钟。

5 时间到后出锅，撒上葱绿做点缀，完成！

腐乳笋烧肉

笋烧肉是一道美味名菜。春笋和五花肉同烧，肉汁渗入嫩笋，笋香沁入肉里，是春意盎然又着实美味的一道菜。我用红腐乳调配了一种神秘酱汁，配合笋烧肉，每次给家人做这道菜时都会“光盘”。现在我改良了做法，将其变成了一道快手菜。于是，腐乳笋烧肉在春天经常出现在我家的餐桌上。

a

食材

春笋 **3根**

五花肉 **500克**

调味料

白糖 **2瓷勺**

食用油 **2瓷勺**

盐 **1瓷勺**

红腐乳 **1块**

鲜味酱油 **1瓷勺**

红腐乳汁 **3瓷勺**

料酒 **3瓷勺**

大蒜 **5瓣**

香油 **1瓷勺**

大雄唠叨

a 春笋是时令菜，只有在春天才能吃到最好的，要珍惜。买春笋当然要嫩的。如果觉得五花肉肥，也可以用其他部位的猪肉，如后臀尖的脂肪会少一些。腐乳必须用红腐乳。

烹饪步骤

1 春笋 3 根（大的 3 根左右，拍摄时不是时令季节，春笋偏小，我用了 5 根），切滚刀块；大蒜 5 瓣，去掉蒜屁股，拍碎，剁成末；五花肉切薄片，易熟也更易入味，且不容易腥。

2 在碗中加入 1 块红腐乳，入 3 瓷勺红腐乳汁、1 瓷勺鲜味酱油、1 瓷勺香油、1 瓷勺料酒、1 瓷勺白糖，再加半碗水，搅匀。

3 倒一锅水，入 1 瓷勺盐、1 瓷勺白糖，水开后入春笋，煮 5 分钟，捞出沥水备用。

4 上炒锅，大火，入 2 瓷勺食用油；手放在锅口，感到微有热气上升时，入切好的五花肉，散着铺满锅底；再加入春笋，撒入一半大蒜末，与五花肉同煎。

5 煎至五花肉底面变色微焦，继续翻炒，让其他部分也受热。至春笋和五花肉均出现焦边，沿锅边烹入 2 瓷勺料酒，待酒精挥发，倒入调好的酱汁。入剩下的大蒜末，搅匀，盖锅盖，中火煮 5 分钟。

6 打开锅盖，转大火收汁至黏稠，关火出锅。味道好香啊。

大雄唠叨

b 这道菜的关键就在于神秘酱汁，按照我给出的方子精心调配，用来做红烧肉也很好吃。如果没有红腐乳汁，就多加一块红腐乳吧。

c 焯水可以去掉春笋的苦涩，加盐和白糖能让笋的颜色更好看，也有了一些味道。有些地方的春笋偏硬，这种情况下要多煮一会儿。

d 通过煸炒，五花肉的油被煸出，恰好被春笋吸收。大蒜煎熟后的香气也很特别。

e 五花肉和春笋要煸炒到位，加入酱汁后才能吸收充足，足够美味，也更易熟。

日式寿喜锅

我经常去北京的一家日料店吃饭，和那里的厨师长、店长都成了朋友。我喜欢吃它家的寿喜锅，有肉，有菜，有豆腐，还特下饭，于是我请教厨师长学了这道菜，全家都爱吃这个健康的小锅。

a

食材

肥牛卷 **300 克**
金针菇 **50 克**
香菇 **3 朵**
北豆腐 **200 克**
娃娃菜 **1 小棵**
魔芋丝 **200 克**
可生食鸡蛋 **1 个**
胡萝卜 **1/2 根**

调味料

七味粉 **适量**
牛油 **适量**
食用油 **1 瓷勺**
日式酱油 **适量**
味啉 **适量**
白糖 **适量**
葱白 **3 小段**

大雄唠叨

a 这其实是个开放的食谱，可以随你的喜好增减食材。没有可生食鸡蛋可以不加，再者很多人也吃不惯生鸡蛋。日式调味料在网上很容易买到。

烹饪步骤

1 北豆腐切块；娃娃菜去根；香菇切米字花；胡萝卜切厚片，刻花。

2 调寿喜汁是这道菜成功的关键。取一个小碗，将日式酱油、味啉、白糖以 3 ：3 ：1 的比例调小半碗寿喜汁。第一次尝试建议尝尝咸淡，因为每个人的口味和日式酱油的咸度差别很大，这里就不定量了。

3 取平底锅，入 1 瓷勺食用油，开大火，将北豆腐平铺进去，煎至金黄色后盛出。

4 将平底锅洗净，或者用火锅，如果有寿喜锅专用锅就更好了。开小火，锅底用牛油涂一遍，先放肥牛卷，炒至变色，然后码入准备好的金针菇、香菇、娃娃菜、胡萝卜、魔芋丝、葱白和煎好的北豆腐等食材，发挥自己的审美。码好之后淋入寿喜汁，全程不放水，靠蔬菜自己煮出来鲜美的汁水，蔬菜煮熟时这道菜就做好了。配生鸡蛋液和七味粉一起吃，和在日料店吃的味道一样好哦。

大雄唠叨

蔬菜处理一下比较美观，自己在家吃若不介意品相也可以不处理，蔬菜洗净切块就可以。

大雄唠叨

这碗寿喜汁是关键，你也可以购买现成的寿喜汁，第一次尝试调汁要谨慎，可以分次加入调味料，别弄咸了。

大雄唠叨

如果下面有个小炉子加热就更好了，其实这就是一种日式火锅。

家常下饭菜

电饭锅黄焖鸡

黄焖鸡米饭是老百姓最爱的中式快餐之一，好吃、下饭。我爱吃鸡，尤其喜欢黄焖鸡，因为这个食谱可以用普通的、平价的鸡做出十分鲜美的味道。

在家时，我喜欢用电饭锅做黄焖鸡，省心，按下煮饭键，等着吃就行啦。这是我珍藏的食谱，希望你也喜欢。

a

食材

鸡腿肉 **1千克**

鲜香菇 **6个**

彩椒 **1/2个**

螺丝椒 **1根**

调味料

黄豆酱 **2瓷勺**

红烧汁 **6瓷勺**

生抽 **4瓷勺**

五香粉 **1瓷勺**

海鲜酱 **2瓷勺**

蚝油 **2瓷勺**

白糖 **2瓷勺**

食用油 **3瓷勺**

干辣椒 **2根**

生姜 **1块**

大雄唠叨

a 吃黄焖鸡主要吃的是复合香气，调味料较多。鸡腿肉换成鸡块、鸡翅均可。若买不到螺丝椒，可以用小米辣代替，但会少一股清香；红烧汁可以用红烧酱油代替；干香菇泡发代替鲜香菇也可以。彩椒为搭配颜色所用，可以不放。

烹饪步骤

1 鲜香菇去蒂，竖着切成片；生姜切片；螺丝椒切成小段；彩椒取半个，去筋，切块。

2 鸡腿肉切块，冷水下锅焯水，随着温度上升，你会发现汤中出现很多血沫，撇至不再有血沫出来为止，捞出鸡腿肉沥水。

3 将切好的鲜香菇放入焯过鸡腿肉的水中，煮 2 分钟，捞出备用。水别倒掉，一会儿还要用。

4 上炒锅，开大火，入 3 瓷勺食用油，倒入焯好的鸡腿肉、2 根干辣椒、生姜片，不断翻炒，至鸡腿肉发黄，体积变小，捞出沥油。

5 调酱汁时可取大一些的碗，入 6 瓷勺红烧汁、4 瓷勺生抽、2 瓷勺黄豆酱、2 瓷勺海鲜酱、2 瓷勺蚝油、1 瓷勺五香粉、2 瓷勺白糖，加 2 瓷勺水搅拌均匀。

6 鸡腿肉倒入电饭锅，入调好的酱汁。把之前鸡肉焯水煮香菇的汤倒入，不需要太多，稍稍没过鸡腿肉即可。按下煮饭键，煮 20 分钟。

7 打开电饭锅，加入香菇、彩椒和螺丝椒，再焖 2 分钟，出锅。真香呀。

大雄唠叨

b 香菇和鸡肉是完美组合。螺丝椒有一种清新的辣味，我喜欢将它运用在肉菜里。

c 如果你用鲜鸡肉，其实可以省略这步，洗干净直接炒即可。如果是冻肉，最好焯水，去腥味。记得要冷水下锅。

d 翻炒去掉鸡腿肉多余的水分，可以去腥且有更多的空间吸收调味料的香味。

e 这碗酱汁是该食谱的秘诀所在，黄焖鸡的香气和颜色都在这里了。

电饭锅可乐鸡翅

可乐鸡翅，谁都爱吃。虽然容易做成功，但失败的例子也不少。用电饭锅做可乐鸡翅，你试过吗？有了这个可爱电器的加持，做出来的可乐鸡翅真的是超嫩，且只有成功，没有失败。

a

食材

鸡翅 **10个**

调味料

料酒 **1瓷勺**

生抽 **3瓷勺**

老抽 **1/2瓷勺**

食用油 **适量**

盐 **1/2盐勺**

可乐 **300毫升**

小葱 **5根**

生姜 **1块**

大雄唠叨

a 鸡翅自然是新鲜的好，如果特别害怕鸡肉有腥味，可以冷水下锅焯水。可乐鸡翅其实属于味道比较重的菜，基本上不焯水也吃不出腥味。

烹饪步骤

1 调神秘酱汁时先准备好碗，入 3 瓷勺生抽、1 瓷勺料酒、半瓷勺老抽。

2 小葱切段，生姜切片。

3 鸡翅开花刀，浇入调好的神秘酱汁，撒入半盐勺盐，放入小葱段、生姜，拌匀，放入冰箱冷藏腌制 30 分钟以上。

4 平底锅内刷食用油。如果你的电饭锅能直接加热，用电饭锅做也可以。放入鸡翅，用中火每面煎 3 分钟，至微微发黄。

5 将煎好的鸡翅倒入电饭锅，入剩余腌鸡翅的酱汁，再倒入可乐，没过鸡翅。按煮饭键，电饭锅关火时鸡翅就做好啦。

大雄唠叨

b 生抽提鲜，老抽上色，料酒去腥，做别的肉菜时也要记得这些知识点。

c 若没有小葱，用大葱也可以。

d 鸡翅开花刀有助于入味且去腥，大家腌制肉类，尤其是长时间腌制时，一定要封上保鲜膜放入冰箱冷藏室，防止有害细菌的滋生。

香菇蒸滑鸡

香菇蒸滑鸡这道菜，很多朋友可能是在外卖列表里认识它的，吃过一次以后觉得平平无奇，甚至不给“差评”都已经算是客气了，因此对这道菜没有好感。其实真是冤枉它了。真正的香菇蒸滑鸡绝不浪得虚名，那鸡肉真的是嫩滑，搭配香软的香菇，令人越吃越上瘾。菜吃完了，用剩下的汤汁泡一碗米饭才舍得洗碗，毫不夸张。兼顾原汁原味的营养和超高颜值，烹饪方法还很简单，是时候重新认识这道蒸菜了。

食材

鸡小胸肉 **300 克**　　干香菇 **6 朵**

调味料

盐 **1/2 瓷勺**　　料酒 **1/2 瓷勺**

蚝油 **2 瓷勺**　　淀粉 **1 瓷勺**

大雄唠叨

a 也可以用鸡腿肉，买去骨的鸡腿肉，做起来比较方便。大家可以买一些干荷叶放在家里，蒸东西的时候泡开，包着一起蒸，食物的味道会更好。

烹饪步骤

1 干香菇泡发，泡香菇的水别倒掉；鸡小胸肉切成大丁，约食指一个关节的长度。这种大小的鸡肉受热均匀，入味也均衡，口感比较统一。

2 鸡丁和香菇放在碗里，加入半瓷勺盐（1克左右）、2瓷勺蚝油、2瓷勺泡发香菇的水、半瓷勺料酒、1瓷勺淀粉，拌匀。

3 水烧开后，上锅蒸8～15分钟。

大雄唠叨

b 这种腌制方法同样适用于猪肉，但口感就没有鸡肉这么嫩滑了。

c 因每个人用的火力不同，切的鸡丁大小也不一样，所以我建议8分钟后尝一尝，熟了即可关火出锅。不要蒸太久，否则会影响鸡肉的嫩度。自己做出来的香菇蒸滑鸡吃起来放心不说，美味度也比外卖提升了好几个级别，是一个很不错的午餐自带饭选择。

黄豆酱炒鸡丁

我女儿很喜欢黄豆酱的味道，她又爱吃鸡丁，有时候着急吃饭，我就研究出这道烹饪快速的黄豆酱炒鸡丁。非常简单，营养好吃，关键是黄豆酱提升了整道菜的味道，做起来不会失败。

a

食材

鸡腿肉 **250 克**　胡萝卜 **1 根**

土豆 **1 个**

调味料

黄豆酱 **1 瓷勺**　料酒 **3 瓷勺**

食用油 **2 瓷勺**

大雄唠叨

a 鸡腿肉也可以换成鸡胸肉，看个人喜好。如果你用鸡胸肉，建议加 1 勺淀粉抓一下，炒出来会更嫩。其他蔬菜也可以自行添加，比如芹菜、蘑菇。

烹饪步骤

1 胡萝卜、土豆去皮，切成小丁，入微波炉用高火转 3 分钟；鸡腿肉切丁。

2 调汁可取碗一个，入 3 瓷勺料酒、1 瓷勺黄豆酱，然后加冷水至半碗，搅匀。

3 锅中入 2 瓷勺食用油，大火烧热（手放在锅口感受到热浪），入鸡肉丁，不停翻炒，炒制鸡肉丁全部变白。

4 倒入土豆丁、胡萝卜丁，入调好的酱汁，转中火，烧至收汁即可出锅。

大雄唠叨

b 我喜欢用微波炉将蔬菜加热一下，一定程度上可以让根茎类蔬菜脱水，香气更好。且这样操作后食材基本熟了，可以缩短烹饪时间。

c 这道菜中，这碗神秘酱汁是关键。其实说到底也没什么特别的，仅靠黄豆酱就让菜品香气十足。

d 大火炒制，鸡肉不容易腥。

e 此刻，各种香味在锅中汇集，简单、快手的下饭菜就等待上桌了。

土豆排骨炖豆角粘卷子一锅熟

一口大铁锅，灶膛里是烧旺的柴火，用大葱、香料和酱油炝锅，排骨与豆角同炖，烧开之后，现拧的卷子铺上去，盖上巨大的锅盖。再打开时，已经收汁，死面卷子充分吸收排骨汤，油亮亮的，有滋有味，光吃卷子就能吃撑。如果卷子一半粘在锅边，一半在肉汤里，出锅时还会有酥脆的面锅巴，口感更好。

这种肉菜、主食一体的做法，在我家那边叫“一锅熟”。也有素一锅熟，如豆角、番茄、黄瓜同煮，都是夏季的时令菜，也好吃。

现在饭店做这道菜更好吃，但太复杂。排骨单独炖，豆角过油炸七成熟，用水把油煮出去，再单起锅，放热油，葱、姜、蒜爆香，入豆角，加酱油，把炖好的排骨丢进去一起炒香，再加水炖。麻烦程度和味道提升程度不成正比，我还是教大家做简单快速版的一锅熟吧，也更少油、健康些。

食材

排骨 **1 千克**

土豆 **1 个**

白不老豆角 **200 克**

面粉 **适量**

调味料

干辣椒 **3 ~ 4 根**

八角 **2 颗**

老抽 **1 瓷勺**

生抽 **2 瓷勺**

蚝油 **1 瓷勺**

料酒 **1 瓷勺**

味精 **1/2 瓷勺**

盐 **1/2 瓷勺**

白胡椒粉 **1 瓷勺**

白糖 **1 瓷勺**

食用油 **3 瓷勺**

生姜 **1 块**

大葱 **1 根**

小葱 **2 ~ 3 根**

大蒜 **4 ~ 5 瓣**

a

大雄唠叨

a 白不老豆角耐炖，经过长时间炖煮，入味而不烂。如果买不到这个品种或者不知道这种豆角，用其他豆角也行。不论哪种豆角，都要做熟才能吃。

烹饪步骤

1 大蒜去头尾备用，生姜切大片，大葱斜切段，小葱切葱花。

2 将白不老豆角掰成小段，筋老的豆角要去掉筋。

3 排骨剁成块，土豆去皮，切滚刀块，切好后泡在水中。

4 热锅中放入 3 瓷勺食用油，放入干辣椒、八角，再放入大葱、生姜、大蒜，最后放入排骨，翻炒至排骨变焦黄。

5 放入 1 瓷勺料酒、1 瓷勺老抽、2 瓷勺生抽、1 瓷勺蚝油，翻炒均匀。

6 加开水，没过排骨，再放入 1/2 瓷勺盐、1/2 瓷勺味精、1 瓷勺白糖、1 瓷勺尖白胡椒粉，炖 25 分钟。

7 炖排骨时做卷子。和一个面团，500 克面粉加 270 克纯净水（各地面粉的洗水程度不同，可适当增减）和好后在表面刷一层油，盖上保鲜膜，醒 20 分钟。

8 醒好后，先把面团揉成圆柱形，再擀成长方形，切成一条一条的，每条从中间对折，再用刀背压一下，压出一个印，一抻一卷就可以了。

9 在排骨汤中放入掰好的白不老豆角，盖上锅盖，再炖 8 分钟。

10 最后放入土豆块、卷子，盖上锅盖，炖 15 分钟。

11 等土豆、豆角和卷子都熟透了，转大火收汁，尝尝咸淡，合适就可以出锅啦。

大雄唠叨

土豆泡在清水中是为了防止氧化变色。

大雄唠叨

如果你觉得做卷子麻烦，可以直接弄个面饼盖在上面，也好吃。也可以买现成的饼，省去这一步。但还是建议抽时间试试自己做的卷子。

大雄唠叨

卷子分散开来放，不要叠在一起，喜欢吃可以多放。吸饱汤汁的卷子，一吃起来就停不下！

大雄唠叨

这一锅上桌，热气腾腾，满室生香。排骨的香味炖进卷子里，豆角的清新让排骨变得不腻，吃起来不知为什么很感动，那是小时候的味道。

鲜虾版珍珠糯米丸子

肉丸子和肉圆子其实是同一种东西。据说，北方人习惯叫它肉丸子，南方人习惯叫它肉圆子。当然，也不绝对。但无论南北，冬天吃肉丸子都有一种亲人欢聚的美好寓意在里面。

儿时，父母辈当家主厨，每年的团圆饭除了年年有“鱼”，必定有一碗肉丸子镇桌。自己长大成家后，年夜饭里依然少不了它。肉丸子的制作过程可以全家参与，我剁馅儿，你和馅儿，小孩子呢，最爱的就是团馅儿。一个个或大或小的丸子成形过程中，充满了欢声笑语。

各地有各地做丸子的方法，承载着不一样的家的味道、家乡的味道。在这里，我想跟大家分享的是我家常做的一道鲜虾版珍珠糯米丸子。配上了鲜虾仁和高汤的肉丸子鲜嫩多汁，糯香浓郁，老人、小孩吃了都赞不绝口，更难得的是做法简单、很好学。今年过年，不妨就这样试一试吧。

食材

猪肉馅 **400 克**

鲜虾仁 **10 克**
（爱吃虾仁的可以多放）

糯米 **200 克**

鸡蛋 **1 个**

胡萝卜 **1 根**

调味料

香油 **2 瓷勺**

生抽 **2 瓷勺**

料酒 **2 瓷勺**

白糖 **1/2 瓷勺**

盐 **1 瓷勺**

白胡椒粉 **1 瓷勺**

高汤 **2 瓷勺**

生姜 **1 块**

小葱 **4 根**

淀粉 **少许**

a

大雄唠叨

a 推荐使用肥四瘦六的肉馅儿做丸子，吃起来不柴不腻，口感也较好。如果你偏爱肥一些的，或是只吃纯瘦肉，也可以根据个人喜好适当进行调整。

烹饪步骤

1 糯米提前浸泡一晚，备用。

2 小葱 3 ~ 4 根，取葱白切末，葱绿切葱圈；生姜切 4 片，再切末。

3 胡萝卜洗净后，切成 2 厘米厚的小圆片；鲜虾仁切成小丁。

4 调肉馅的步骤稍复杂些，将切好的虾仁丁、葱姜末放入肉馅中，加 2 瓷勺生抽、2 瓷勺料酒、2 瓷勺香油、少许淀粉；加半平瓷勺白糖（1.5 克左右）、1 平瓷勺白胡椒粉（3 克左右）、1 平瓷勺盐（3 克左右）；再打入 1 个鸡蛋，用筷子朝一个方向搅拌（顺时针或逆时针均可），再加入 2 瓷勺高汤，继续搅拌成胶状。

5 将胡萝卜片平铺在蒸屉里。

6 滚丸子时可以借助勺子舀出一个球形的丸子，放置于掌心，晃两下，再放到糯米里滚圆，直到丸子表面蘸满糯米，再晃两下，放置到胡萝卜片上。

7 冷水上锅，蒸 20 分钟，关火。撒一些葱圈进行装饰，完成。

大雄唠叨

b 用长糯米、圆糯米都可以，最好是新米。长糯米做出来颗颗撑开，像立起来的小刺猬，口感是糯中带有韧劲儿。圆糯米一般莹润光洁，香软粘牙。各有风味。

c 有朋友不敢或不会处理鲜虾，这里有个小建议：把鲜虾冲洗干净，放进冰箱冷冻，冻 20 分钟左右，虾都冻僵了。同时，低温还会保持食材的鲜度，肉质不会被手上的温度破坏，这个时候再处理就方便多了。不过，除非遇到特别大的虾，否则我一般是不弄虾线和开背的，太麻烦耗时。活虾基本不用去虾线。当然，这也属于个人习惯。

d 别怕麻烦，一定要耐心搅拌，多花几分钟就可以让口感提升一个层次，非常划算。在打馅儿的过程中，调味料也充分拌匀，更入味。

e 晃丸子时要注意保持手心干燥清爽，沾到多余水分，丸子容易变得稀软不成形。

f 胡萝卜片放在丸子下面，既能增添风味、提升颜值，又能起到不粘蒸屉的效果，一举多得。

g 这道鲜虾版珍珠糯米丸子是清爽糯香的轻食口感，盐不用放太多，突出虾的鲜和糯米的香，与肉茸完美融合，颜色清淡，入口香醇，光吃一个绝对不够。

家常木须肉

木须肉是一道很下饭的家常菜，我家经常做。因为有肉（是健康的里脊肉）、有蛋、有蔬菜、有菌类，营养均衡，并且好做又好吃。

这里还有个小典故，木须肉的正确写法其实是“木樨肉”。木所指代的木樨是一种植物，开的花与打碎的鸡蛋很像。清朝宦官权重，北京的饭馆巴结他们，凡是带鸡、蛋字样的菜都用其他字代替，所以鸡蛋炒肉就变成了木樨炒肉。到现在，大多数餐厅都写为木须肉了。

写到这，我又想起在哈尔滨吃过一道“辣炒梧桐花”，菜上来才发现，居然是炒小八爪鱼，真的和梧桐花很像。这种以形似之物替代食材取名的方式，有那么点浪漫和幽默。

食材

猪里脊 **250 克**

黄瓜 **1/2 根**

黑木耳 **1 小把**

胡萝卜 **1/2 根**

鸡蛋 **3 个**

调味料

盐 **约 3 盐勺**

生抽 **1 瓷勺**

白糖 **1 盐勺**

米醋 **1 瓷勺**

水淀粉 **约 2 瓷勺**

大葱 **1 根**

食用油 **5 瓷勺**

生姜 **1 小块**

料酒 **1 瓷勺**

大蒜 **3 ~ 4 瓣**

香油 **1/2 瓷勺**

牛奶 **2 瓷勺**

烹饪步骤

1 黑木耳用开水泡发，撕成小块；黄瓜、胡萝卜切片，大葱切葱花；生姜切小片；大蒜切片；猪里脊切薄片。

2 腌制里脊肉：在切好的猪里脊肉中入 1 平盐勺盐、半瓷勺水淀粉，用手抓匀。

3 将 3 个鸡蛋打入碗中，加 1/3 盐勺（约 1 克）盐，打匀成蛋液。如果喜欢吃嫩鸡蛋，可以在蛋液中加 2 瓷勺牛奶。

4 拿个小碗调酱汁，加 1 瓷勺水淀粉（淀粉与水的比例为 1 ∶ 5）、1 瓷勺米醋、半瓷勺香油，搅拌均匀。

5 上炒锅，入 3 瓷勺食用油，开大火，手放到锅口，感觉到滚滚热浪时入蛋液，翻炒，待蛋液全部成形马上关火，盛出。这时鸡蛋是嫩嫩的。

6 将切好的葱、姜、蒜放入肉中，上炒锅，开小火，入 2 瓷勺食用油，用手放在锅口，感觉到微微热气的时候一点一点地倒入肉片和葱、姜、蒜，翻炒。

7 炒至肉片基本变白，转大火，加入木耳和胡萝卜，翻炒均匀。烹 1 瓷勺料酒，入 1 瓷勺生抽，然后加入炒好的鸡蛋、黄瓜，入 1 盐勺盐、1 盐勺白糖，翻炒均匀。

8 将调好的酱汁搅拌均匀，洒入锅中，翻炒均匀，香气就出来啦。

大雄唠叨

a 黑木耳最好选秋木耳，这种木耳的口感很棒。我用开水泡发是为了加快泡发速度，木耳要彻底炒熟才能放心吃。胡萝卜会增加菜品颜色，均衡营养，不是主食材。猪肉最好买通脊，这部分比较嫩，脂肪含量低，健康。

b 水淀粉给肉提供了一层保护膜，炒肉时可以保住水分，肉会嫩嫩的。

c 炒鸡蛋的油温不能低，否则容易腥。还要观察蛋液状态，基本全部成形就要马上关火，余温会让鸡蛋全部成形。在炒肉之后的步骤中，鸡蛋还会倒入锅中再次加热。

d 用低油温炒里脊肉不易炒老，一点点放肉是为了防止肉粘在一起。葱、姜、蒜和肉一起下锅，不容易煳，香味物质可以更好地进入肉里。

e 最后这步的酱汁很关键，米醋会发出香气，水淀粉让食材挂汁，香油让整道菜变得又香又油亮。

猪肉白菜炖粉条

猪肉白菜炖粉条是典型的北方硬菜，外面天寒地冻，屋里面却有一锅猪肉白菜炖粉条，再来一大碗米饭，孩子们吃得倍儿香，这就是幸福。

a

食材

五花肉 **500克**
粉条 **1小把**
白菜 **1棵**

调味料

红烧汁 **3瓷勺**
生抽 **2瓷勺**
米醋 **1瓷勺**
红曲米水 **1小碗**
柱侯酱 **1瓷勺**
盐 **适量**
白糖 **2盐勺**
八角 **2颗**
大葱 **半根**
生姜 **1块**
大蒜 **4瓣**

大雄唠叨

a 五花肉最适合做这道菜，如果喜欢吃瘦一些就选猪后座肉。红烧汁也就是红烧酱油，近几年市场上卖的这类酱油很好用。红曲米水是上色用的，这是天然的米发酵的颜色，大厨都用它，也便宜，家里可以常备一些红曲米。柱侯酱其实是广东的一种调味品，放在炖菜里很香，我喜欢。烹饪是很有意思的事情，多尝尝市场上的新东西、好东西，对自己的厨艺也会有帮助。

烹饪步骤

1 白菜半棵或者一棵，切块；大葱半根，斜切；生姜 6 片；大蒜 4 瓣，去掉蒜屁股。

2 粉条用冷水浸泡 2 小时以上，五花肉切小方块（2 厘米左右）。

3 上锅，开大火，冷水下五花肉，焯水，煮出血沫；捞出肉块，用温水洗净，沥干备用。

4 上锅，开大火，加入五花肉，同时加入 2 颗八角、3 片姜片，翻炒；煸炒出油脂，加入 2 盐勺白糖，翻炒至白糖变焦糖色，肉开始上色，倒出去一些油，这样吃起来不腻。

5 继续开大火，加入大葱、剩下的姜片、大蒜，加入 2 瓷勺生抽、3 瓷勺红烧汁，入 1 小碗红曲米水，烧开，关火，换炖锅（推荐铸铁锅或砂锅）。

6 换锅后，加入 1 瓷勺柱侯酱，搅匀；再加适量清水，没过肉，烧开，转小火，盖上盖子，炖 30 分钟。

7 开盖，加 1 瓷勺米醋，加入白菜，拌一拌，盖上盖子，用小火继续炖 5 分钟；开盖，尝咸淡，酌情加盐。

8 最后加入粉条，再煮 5 分钟（时间到，尝尝粉条的状态，可加炖 5 分钟），关火，出锅喽。

大雄唠叨

b 白菜是蔬菜之“王”，营养丰富，味道好，产量大。

c 粉条，我喜欢选红薯粉，一定要用冷水泡发，口感才好。有条件的话用纯净水泡发是更好的选择。

d 猪肉、牛肉这种味道较大的红肉，焯水时都要用冷水，焯得更透，效果更好。

e 五花肉本身含有较多油脂，这样的翻炒增香又去油。后加白糖，省去了炒糖色的麻烦，新手也可以操作。因为一旦糖色炒苦了，一锅肉就被糟蹋了。

f 当然也可以不换锅，只是铸铁珐琅锅或者砂锅炖出来的肉更香。

g 这里的清水最好也用纯净水，冷水、热水均可。

h 加1瓷勺米醋可以让整道菜变得更香，还去腻。米醋、香醋、陈醋均可。

i 每家的粉条品种不同，需要亲自尝一下，炖到位了就可以出锅。最好能整锅端上桌，感觉特别好。

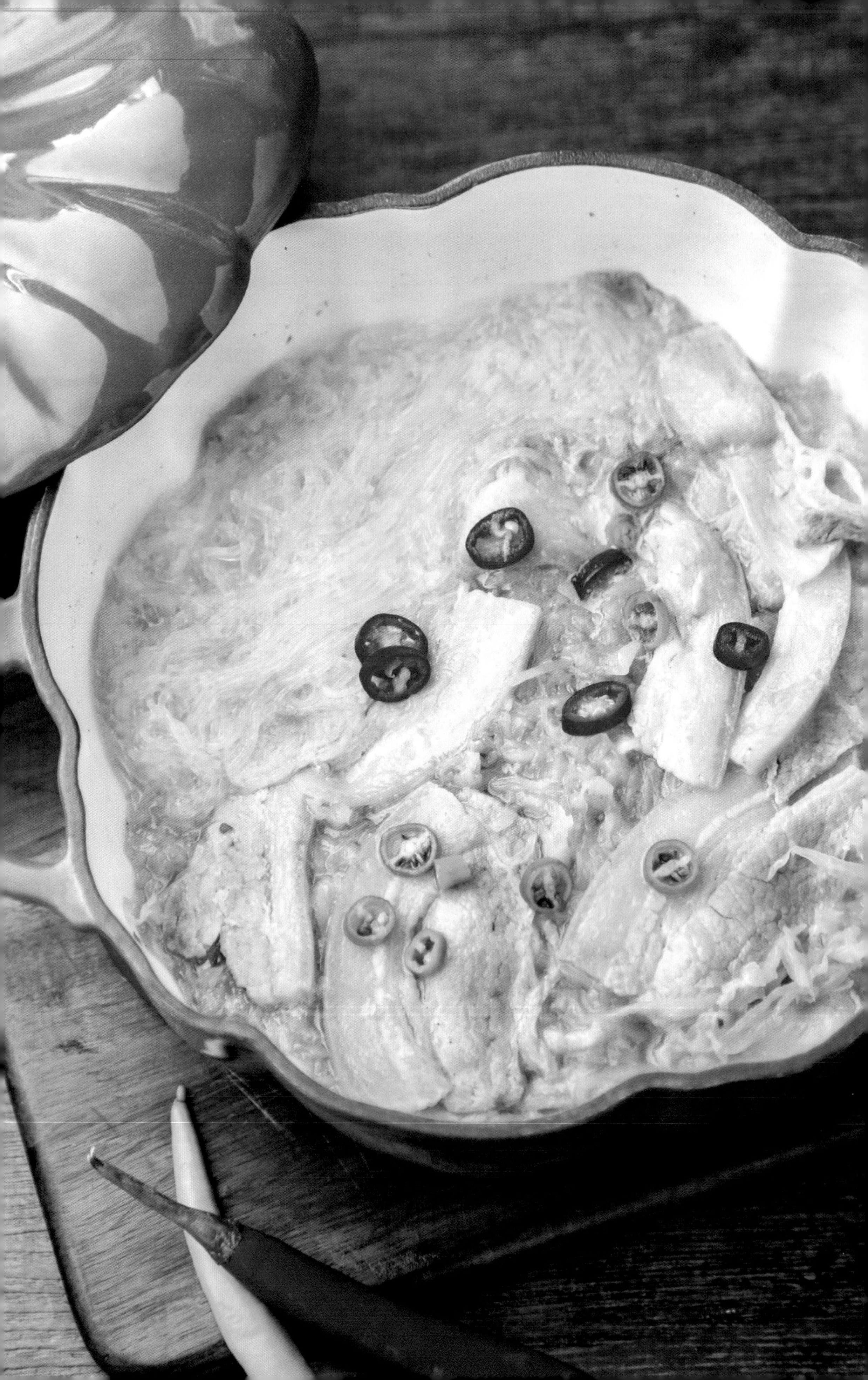

酸菜白肉粉丝锅

酸菜白肉是一道著名的东北菜，好吃，开胃，解馋，过瘾。每次从国外回来，我都会去家附近一个东北饺子馆吃饭，还都会点酸菜白肉这道菜，暖暖的一个锅端上来，有菜有汤。后来那个馆子不知搬哪去了，我开始自己在家研究这道菜，最终省了不少钱，味道也不错。

a

食材

五花肉 **500 克**

东北酸菜 **1 袋**

绿豆粉丝 **1 卷**

红绿美人椒 **2 根**

调味料

白胡椒粉 **2 盐勺**

料酒 **2 瓷勺**

食用油 **1 瓷勺**

白糖 **1 盐勺**

盐 **2 盐勺**

牛奶 **4 ~ 5 瓷勺**

大雄唠叨

a 五花肉和酸菜是绝配，酸菜中的乳酸可以让五花肉肥而不腻。我加入了牛奶，也许有人会觉得是“黑暗料理”，其实牛奶富含蛋白质和脂肪。试试吧，真的会很大地提升这道菜的香气和口感，汤白白的，很美。

烹饪步骤

1 用水清洗一下东北酸菜，攥干水分备用；绿豆粉丝用冷水泡发；红绿美人椒切成小圈（吃辣就放，不吃辣就不放）。

2 五花肉入冰箱冷冻 30 分钟，切大薄片。

3 上锅，开大火，加入 1 瓷勺食用油，烧到三四成油温（手放上感到微微热），加入切成薄片的五花肉片，煎至变色，煎出油脂。放入酸菜，转中火煸炒 3 分钟左右，炒至酸菜呈干爽状态。

4 转大火，烹入 2 瓷勺料酒，待闻不到酒味加冷水，没过食材；加入 2 平盐勺盐、2 平盐勺白胡椒粉、1 平盐勺白糖。

5 换砂锅或铸铁珐琅锅，大火烧开，再转小火，炖 30 分钟。

6 30 分钟后，加入泡发好的绿豆粉丝；尝咸淡，酌情加盐；盖上盖子，小火煮 5 分钟。

7 加入 4 ~ 5 瓷勺牛奶，让汤底变得更白。放入红绿美人椒圈（不吃辣就不放），增色之用，关火，出锅。

大雄唠叨

其实用其他地区的酸菜也能做这道菜，味道差不多。

大雄唠叨

肉冷冻一会儿会变硬，更好切。

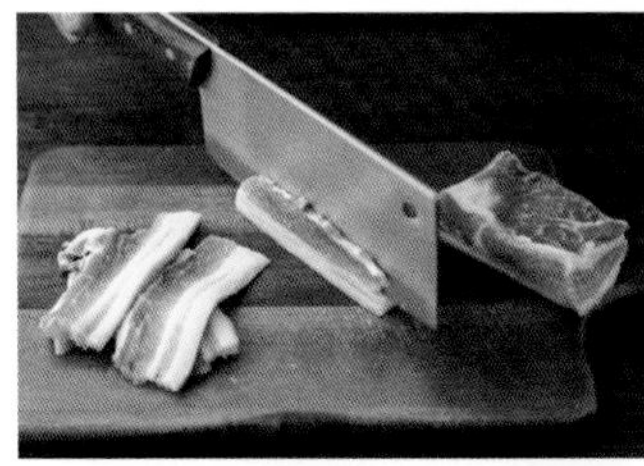

大雄唠叨

五花肉炒出的油脂特别香，酸菜和五花肉一起炒，能吸收肉的香气。酸菜先炒干再加水炖，就完全没有发酵的异味了。

大雄唠叨

大片的五花肉经过 30 分钟的慢炖，已经变得酥烂，入口即化。

不用油炸的菠萝咕咾肉

酸甜口味的菜肴是小朋友们的最爱，如锅包肉、糖醋里脊等。其中口味最清新的要数广东名菜——菠萝咕咾肉，有新鲜的菠萝块在里面，特别开胃。

我女儿晓晓爱吃这道菜，总缠着我给她做，但在家炸猪肉太费油，也不甚健康。我便调整了传统的烹饪步骤，免去了宽油炸肉，自我感觉口感更好了。我还加入了我女儿喜欢的番茄沙司，让调味料定量变得简单，它就成了一道适合在家做的快手家常菜。

a

食材

猪梅肉或猪里脊 **250 克**

菠萝 **200 克**

红彩椒 **1/2 个**

绿菜椒 **1/2 个**

调味料

番茄酱 **2 瓷勺**

番茄沙司 **3 瓷勺**

料酒 **1 瓷勺**

盐 **1 盐勺**

白糖 **3 瓷勺**

土豆淀粉 **3 瓷勺**

白醋 **2 瓷勺**

食用油 **7 瓷勺**

大雄唠叨

a 猪肉和菠萝的分量并没有一定之规，可以根据个人口味增减。

烹饪步骤

1 红彩椒、绿菜椒去筋，切小块。

2 菠萝切小丁。

3 猪肉切成食指第一个关节那么长的小肉丁，呈正方形、三角形均可，在大碗冷水中抓洗两遍。

4 将猪肉沥干水分，入 1 盐勺盐、1 瓷勺料酒，抓拌均匀，入冰箱冷藏，腌制 10 分钟以上。

5 入 3 瓷勺土豆淀粉，用手抓匀，使猪肉的表面裹上一层淀粉。

6 锅中入 7 瓷勺左右的食用油，比炒菜油略多，烧至三成热（手放在锅口上，感觉稍稍有热气），把猪肉散放进锅中，进行煎炸。

7 保持小火，观察猪肉的颜色，开始变白时翻炒一下，再变色时再翻炒，尽量让肉均匀受热。煎炸至猪肉表面变硬、变脆，可以用锅铲或者筷子敲一敲。这时，猪肉的颜色也变得微黄。

8 猪肉煎出硬壳后，即转大火，升油温，观察猪肉的颜色，会很快转为较深的金黄色，敲一敲，也更脆更硬了，捞出沥油。

大雄唠叨

b 剖开红彩椒和绿菜椒（也有叫柿子椒），里面有一条条白色的、隆起的“筋”，味道苦涩，要去掉。红彩椒用于配色，切的大小和菠萝丁差不多为宜。

c 餐厅里做这道菜时，切得菠萝块很大，为显示真的放了菠萝。我觉得切小块更好吃，因为受热均匀，味道也好。

d 猪梅肉肥瘦相间，最适合做这道菜。如果不吃肥肉就选猪里脊。肉丁切小些，可缩短烹调时间。肉切丁后抓洗很关键，血水被洗出去，肉丁变白，腥味就没了。

e 将肉沥干水分是必须的，因为下一步是煎炸，如果水分太多，等待你的会是壮观的油花四溅。一切用热油炒、炸的菜品，先把食材上的水分沥干是优秀的烹饪习惯，可以防止烫伤，保持厨房清洁，有些菜的味道也会更好，比如手撕包菜。这种裹粉、裹糊再进行煎炸的肉菜，肉都需要提前腌制入味，因为后期调味品很难穿透保护层，使得外壳很好吃，内里却寡淡无味。

f 土豆淀粉比红薯淀粉、玉米淀粉更稳定，食材煎炸出来更脆。我们经常看到厨师给肉裹粉然后煎炸，第一是为了形成焦脆的保护层，为内部的肉保水，让肉更嫩；第二也避免肉上的水分接触热油，油花四溅。

g 我用煎代替了餐厅的宽油炸，更适合家庭烹饪，比平时炒菜的油略多即可。放肉进锅最好用手散放，防止肉在锅里粘在一起。先放在离自己较远的锅边，由远及近地放，这样最早进锅的肉就算开始溅油花，也不会烫到你。

h 有位大厨说过，煎比炸更香，因为肉的风味没有散失到油里。我也认为煎出来的肉很好吃，但需要些耐心，小火慢煎，才能又香又脆。猪肉的腥味在煎炸过程中也随水分挥发了。

i 最后的升温步骤相当于宽油炸肉中的复炸——炸好的肉再入锅炸一下。讲究大火、热油、短时间，目的是用高温快速带走肉的水分，肉会变得更脆更香，且不易存油，不油腻。我在煎肉过程中也使用了这一技巧，效果甚佳。

烹饪步骤

9 锅内剩一点底油，大火入红彩椒丁、绿菜椒丁，略煸炒，变色即盛出。

10 取一个大碗调酱汁，入 3 瓷勺番茄沙司、2 瓷勺番茄酱、3 瓷勺白糖、2 瓷勺白醋，搅拌均匀。

11 锅内倒入 1 瓷勺底油，小火加热，加入调好的酱汁，用锅铲转圈搅动，防止煳底。

12 当香气四溢、酱汁开始大面积出现气泡时，保持小火，倒入猪肉，翻炒均匀，入菠萝丁，再入普通吃饭碗半碗水，大火煮。

13 入之前炒好的椒，翻炒均匀，关火。你可以先尝尝味道，再加盐、加白糖调味均可，记得加完后翻炒均匀。

大雄唠叨

j 红彩椒用于配色，味道也清新，中餐配色讲究绿、红、黄，家中常备几个各色彩椒，耐储存，炒菜时切几片进去，菜品的品相一下子提升很多，心情都会跟着变好。

k 菠萝咕咾肉是酸甜口味的菜，这碗酱汁就是此味道的核心。番茄沙司是熟酱，酸甜可口；番茄酱是生酱，番茄风味浓郁。我把二者混合在一起，味道酸甜复合，又加了白醋和白糖，增甜增酸。做其他糖醋菜时，也可以试试这个配方，口感比较有层次，也稳定。如家中没有白醋，用其他醋代替也可。

l 酱汁要炒一下才香，最好用不粘锅，这样不需要入很多食用油，也不会把酱汁炒煳。

m 这半碗酱汁很关键，短暂的炖煮让肉充分吸收酱汁的滋味，又不会丢掉酥脆的口感，表面还微微有些软，口感很奇妙。

n 腌肉放了盐，番茄酱、番茄沙司也含盐，我觉得盐味够了。当然也可以根据个人口味再进行调味。

土豆炖牛肉

a

小时候最喜欢去“吃盘”，即去参加红白喜事的宴席，就因为桌上会有一大碗土豆炖牛肉。在冬天，香浓的汤汁拌米饭，牛肉酥烂，土豆软糯，几块下肚，通体是暖意。

长大后，这道菜就成了我家常做的一道硬菜，牛肉的香气经常从厨房飘出，孩子们就等不及了。

食材

牛腩 **600 克**　　黄心土豆 **1 个**

胡萝卜 **1 根**

调味料

生抽 **2 瓷勺**　　八角 **1 颗**　　干辣椒 **1 根**

红烧汁 **2 瓷勺**　　米醋 **2 瓷勺**　　大葱 **1 根**

山楂 **3 颗**　　花椒 **4 粒**　　生姜 **1 块**

柱侯酱 **1 瓷勺**　　盐 **适量**　　大蒜 **6 瓣**

料酒 **2 瓷勺**　　食用油 **2 瓷勺**

大雄唠叨

a 还是用牛腩香啊。牛腩也分多种，如带筋的、不带筋的。你可以根据个人喜好进行选材。土豆要黄心的，软糯好吃，有土豆香。红烧汁就是红烧酱油，没有的话用生抽加老抽代替。柱侯酱能很好地增香，没有的话可以不放。

烹饪步骤

1 黄心土豆 1 个，先切长条，再切正方形小块；胡萝卜 1 根，一切为二，再切大块；大葱 1 根，取葱白，切段；生姜切 8 片；大蒜 6 瓣，去掉蒜屁股，用刀压裂；干辣椒 1 根，切段。

2 牛腩（肥瘦相间）600 克，顺着肉的纹理切，先切条，再切块（2 厘米左右）。

3 上锅，开大火，牛腩冷水下锅，去掉血沫，捞出牛腩，汤汁留着备用。

4 取一口炖锅（铸铁珐琅锅），加 2 瓷勺食用油，开大火，烧热（手放上感到微微热），加入切好的葱、姜、蒜和干辣椒段，入 4 粒花椒、1 颗八角，煸炒出香味。

5 加 2 瓷勺生抽，倒入备用的牛腩汤汁，搅匀；加 2 瓷勺红烧汁（或老抽加生抽、红烧酱油），继续搅匀，加入焯完水的牛腩；再加入 3 颗山楂（解腻，能让牛腩快速炖熟），加 1 瓷勺柱侯酱、2 瓷勺料酒、2 瓷勺米醋，搅匀；大火煮开锅后，转小火，盖上盖子，炖 1 个小时。

6 1 小时后，加入土豆和胡萝卜块，继续炖半小时；尝咸淡，酌情加盐，出锅。

大雄唠叨

我喜欢在炖牛腩时加些胡萝卜，可以让菜品味道丰富、营养均衡，颜色也更漂亮。

大雄唠叨

猪肉、牛肉焯水记得冷水下锅，煮牛肉的汤汁很香，别倒掉。

清爽营养菜

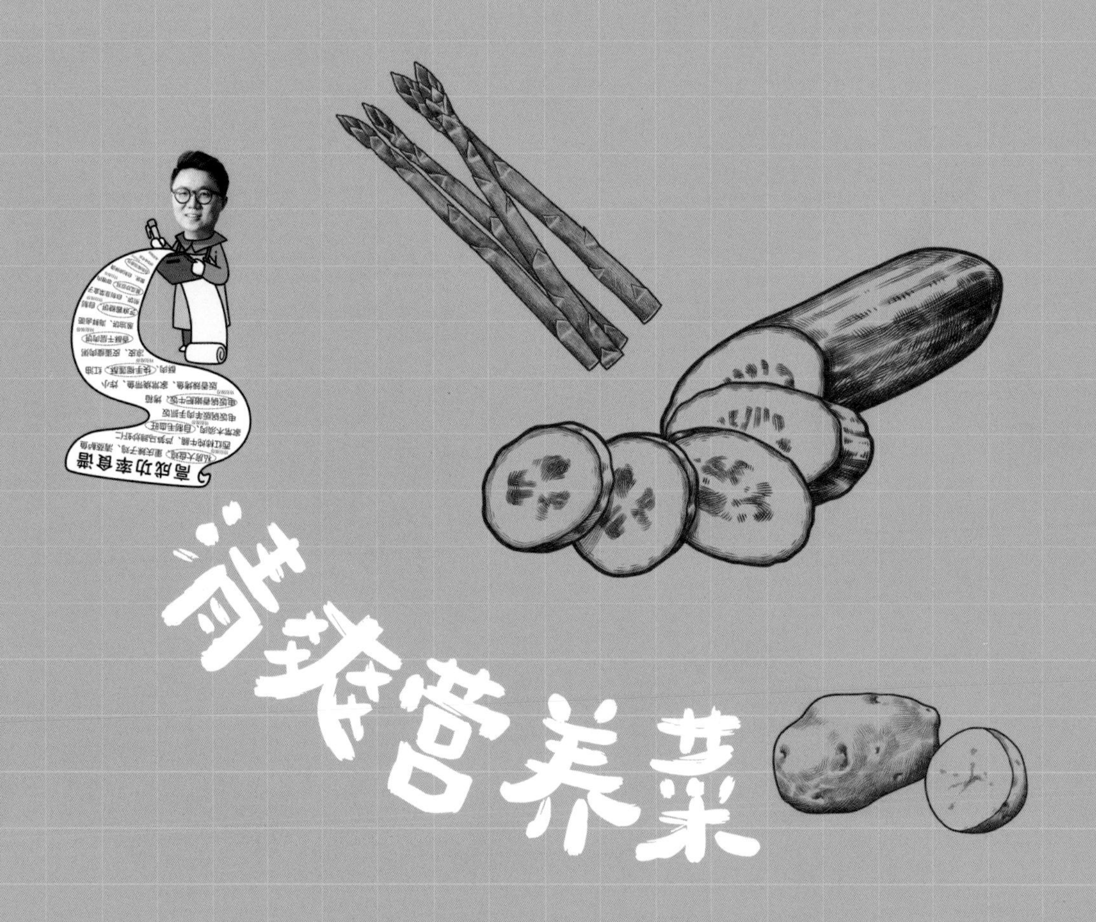

芦笋马蹄炒虾仁

2019 年，我家二宝出生，老婆在一家月子会所休养，月子餐清淡、营养又美味，令我印象深刻。这道芦笋马蹄炒虾仁的灵感就来自月子餐。它富含优质蛋白、维生素、粗纤维，营养均衡，口感丰富，鲜香美味，做起来又简单，适合各类人群，成了我家餐桌的常备菜。

食材

嫩芦笋 **1 小把（8 根左右）**

鲜虾仁 **5 ~ 6 只**

鲜马蹄 **3 个**

红彩椒 **1 个**

调味料

生抽 **1 瓷勺**

食用油 **2 瓷勺**

料酒 **1 瓷勺**

生姜 **1 块**

盐 **1 盐勺**

大蒜 **2 瓣**

白糖 **1 盐勺 +1/2 瓷勺**

烹饪步骤

1 嫩芦笋去掉根部硬硬的部分，斜切成 1 厘米左右的小段。

2 将红彩椒对半切开，去掉苦筋，切成正方形的小丁。

3 鲜马蹄去皮，1 个马蹄平均切成 4 块。

4 鲜虾仁切段，与芦笋长度一致即可；大蒜 2 瓣，切片；生姜去皮，切片，2 ~ 3 片即可。

5 上锅烧水，入 1 盐勺盐、1 盐勺白糖。水开后先入马蹄，焯水 1 分钟，再入嫩芦笋，焯水 30 秒，捞出过冷水，沥干备用。

6 上炒锅，开大火，锅中入 2 瓷勺食用油，放入姜片、蒜片，炒出香味。

7 保持大火，先放鲜虾仁和嫩芦笋，翻炒至鲜虾仁微微变色，均匀地撒入 1 瓷勺料酒、1 瓷勺生抽、半瓷勺白糖，翻炒几下，再放入彩椒丁，翻炒一两下，炒均后迅速出锅。

大雄唠叨

a 有些朋友买到的芦笋不够嫩，有硬硬的根部，需要切掉，否则炒出来会咬不动。判断的方法是用指甲掐芦笋，花很大力气才能掐动的，需要切掉。很容易掐进去的是可以吃的鲜嫩部分。斜切是为了好看些，并无其他作用，可根据个人喜好自行调整。

b 红彩椒给这道菜增色增味，红彩椒内壁凸起的白色部分是苦涩的，绿菜椒也是如此，最好去掉。我通常用刀切，注意要从上往下切，这样不容易切到手。

c 在有的地方马蹄叫荸荠，它长在泥里，清甜爽口。这道菜用鲜马蹄烹饪最好，但去皮是个麻烦事儿，最好用锋利的刮皮刀将之刮掉，实在不行再用刀，一定要小心手。如果偷懒，可以买速冻净马蹄，皮都去好了，干干净净，拿来就能用，只是口感差一些。

d 焯水可以保证食材快速煮熟，缩短爆炒的时间。加盐和白糖，一方面让蔬菜有个底味儿；另一方面利用渗透压让食材表面细胞失水，颜色更鲜艳。先放马蹄才有足够时间加热，马蹄生长在淡水泥里，有较高的寄生虫风险，焯透才安全。捞出食材要过冷水，防止食材本身的温度继续自加热，会影响口感，还可能在空气中加速氧化，让颜色变难看。

e 大蒜炒一下会很香，生姜和鲜虾仁是绝配，能够去腥增香，我做虾都会放生姜。

f 这道菜在炒的时候有一个诀窍，就是要快，否则嫩芦笋失水会变得蔫蔫的，口感就差一些了。红彩椒最后入，避免过度加热，保持口感和新鲜的清爽味道，早放反而不好吃。这道菜没放盐，有1瓷勺生抽就够了，可以突出食材的鲜甜。如果很喜欢咸味，就根据自己的口味放盐吧。

香煎黑椒虾仁配芦笋

我经常去的一家咖啡厅也做简餐，那里的麻辣煎虾仁是最出名的，可以把冷冻的虾仁煎得弹性十足、鲜辣开胃。我和大厨讨教过后回家自己做，加以改良，做成了这道香煎黑椒虾仁配芦笋，那真是快手又好吃！虾仁甚至无须解冻，大人、小孩都爱吃，分享给大家。

a

食材

冷冻黑虎虾仁　**100 克**　　芦笋　**1 把**

调味料

黑胡椒　**适量**　　料酒　**1 瓷勺**

盐　**1 盐勺**　　食用油　**2 瓷勺**

大雄唠叨

a　这道菜的虾仁用冷冻的比较合适，黑虎虾最好，个头大、价格低。这个做法用鲜虾仁就略显浪费了。芦笋是很好的蔬菜，如果你不喜欢，可以换成蘑菇，味道也很棒。

烹饪步骤

1 冷冻黑虎虾仁解冻后攥去水分，放入碗中，入 1 瓷勺食用油，加 1 平盐勺盐，放入黑胡椒（研磨器旋转 4 ～ 5 圈）、1 瓷勺料酒，用筷子拌匀，放在一边。

2 芦笋洗净，去掉硬硬的根部。

3 平底锅开大火加热，手放上方感到有温度后加入 1 瓷勺食用油，润锅底，入解冻好的黑虎虾仁、芦笋，大火猛煎。

4 煎至黑虎虾仁底部出现小焦壳，通体都变红以后翻面；芦笋也翻面。

5 煎至黑虎虾仁另一面也出现小焦壳，就可以出锅啦。如果你和我一样是黑胡椒爱好者，可以加些黑胡椒，最后来个漂亮的摆盘，完美。

大雄唠叨

b 如果没时间解冻，直接用冰冻的黑虎虾仁也可以。但虾仁解冻其实很容易，放在大碗中，接满水，泡 10 分钟左右就解冻了。记得捞出时必须攥一下，去除多余水分。黑胡椒可以用辣椒粉代替。

c 如果你用蘑菇来代替芦笋，就要洗干净，也需要攥掉多余水分。

d　这道菜的迷人之处就是可以快速做好，使用大火是关键。

e　这个做法的精髓在于，煎掉虾仁的水分能使得其肉质变紧，鲜味浓缩，恰好弥补了冻虾仁口感和味道的缺失。虾仁烹饪出来的鲜汁还可以浸入芦笋。

f　这样做出的虾仁也适合放在沙拉里，营养健康。

清爽滋润荷塘小炒

荷塘小炒是粤菜里的经典素菜，之所以有这个好听的名字，是因为主要食材来自水里，如莲藕、马蹄。这道小炒素菜滋味清甜、口感爽脆、营养均衡，还装盘漂亮，做起来简单、快手。我作为一个土生土长的北方人，很偏爱这道小炒，摆在家里的餐桌上很提气。

我有一天突发奇想，用泡椒藕带代替菜中的莲藕，于是这道菜又多了个泡椒味的开胃版本，吃起来令人感觉很有意思，大家可以试试。

食材

莲藕 **1 节（60 克）**

胡萝卜 **1/2 根（约 60 克）**

黑木耳 **40 克**

红彩椒 **1/2 个**

马蹄 **4 ~ 5 个（80 克）**

荷兰豆 **60 克**

调味料

盐 **2 盐勺**

白糖 **2 盐勺**

食用油 **1 瓷勺**

烹饪步骤

1 马蹄去皮，两刀切 4 块；莲藕削皮，切 2 毫米左右的薄片；黑木耳泡发；红彩椒去筋切丁；胡萝卜切片。

2 锅内入水，撒 1 盐勺盐、1 盐勺白糖，大火烧开。

3 放入马蹄、胡萝卜片、莲藕片、黑木耳，焯水 30 秒。

4 再放入荷兰豆，继续焯水 30 秒，关火，将所有食材捞出，泡入冷水，降温后捞出，沥干水分。

5 开大火，入 1 瓷勺食用油，五成热时（手放在锅口感受到热浪在上升）入所有食材，翻炒 1 分钟左右。

6 撒 1 盐勺盐、1 盐勺白糖，翻炒均匀，出锅，装盘。

大雄唠叨

a 为了健康，马蹄一定要煮熟炒熟。

b 蔬菜焯水可以保证其快速煮熟，去除草酸。入盐和白糖让蔬菜颜色变得更鲜艳，又上一点点底味儿。最后放荷兰豆，是因为它很易熟，如早放，口感会变差。中餐经常会焯水，肉类焯水要冷水下锅，加热过程中可煮出更多血沫，去腥；蔬菜要开水下锅，短时间捞出，冷水降温再沥干保持蔬菜的口感和颜色。

c 食用油不需要多放，避免变油腻。食材经过焯水已基本成熟，翻炒 1 分钟左右即可。

d 因为这道菜的食材本身清甜爽脆，风味清新，所以不需要加太多调味料，一点盐、一点白糖即可，吃蔬菜的本味。

e 泡椒藕带版本：用泡椒藕带代替莲藕，不需要焯水处理，因为是成品。在步骤 5 中，它和其他食材一并入锅翻炒就行，其余步骤皆相同。

黄瓜炒双耳

这道菜的名字听起来很恐怖？哈哈，请放心，不是头上长的那两只耳朵，而是木耳和银耳这“双耳”。这是一道清淡爽口、营养快手的素菜。口感丰富，味道鲜甜，相信我，学会之后，你会经常做的。

a

食材

银耳 **1/2 朵**

黄瓜 **1 根**

木耳 **1 小把**

彩椒 **1 个**

调味料

盐 **2 盐勺**

食用油 **2 瓷勺**

白糖 **2 盐勺**

小葱 **1 小把**

大雄唠叨

a 银耳和木耳用干货就可以，它们耐储存，随吃随取，是很好的食材。彩椒用于配色，可以不加。

烹饪步骤

1 银耳和木耳用温水泡发，银耳撕成小块。

2 黄瓜去皮后斜切，彩椒切丁，小葱切段。

3 水中入 1 盐勺盐、1 盐勺白糖，水开后入银耳、木耳，焯水 1 分钟，捞出沥水，备用。

4 上炒锅，入 2 瓷勺食用油，入葱段，开小火，炸到葱变黄发干。

5 捞出葱，转大火，入黄瓜、彩椒、银耳、木耳；再入 1 平盐勺盐、1 平盐勺白糖，翻炒均匀，即可出锅。

大雄唠叨

b 黄瓜去皮用于炒菜，清香味会更浓郁。

c 银耳和木耳焯水可确保煮熟。焯水时间不宜太长，会影响口感，1 分钟足够啦。

d 炸出葱油再炒菜就很香了。素菜加点葱油，会好吃很多。

免油炸地三鲜

地三鲜在素菜里顶好吃，在餐厅的点单量绝对靠前。可惜需要油炸，做起来有些麻烦。能不能不用油炸还达到油炸的口感呢？经过钻研，我利用一个神秘厨电做出了这道免油炸的地三鲜，整道菜只用了 2 瓷勺食用油，味道可真是不差。

a

食材

长茄子 **1 根**　　彩椒 **2 个**

黄心土豆 **1 个**

调味料

鲜味酱油 **3 瓷勺**

黄豆酱 **1/2 瓷勺**

料酒 **1 瓷勺**

米醋 **1/2 瓷勺**

白糖 **1 盐勺**

盐 **1 盐勺**

淀粉 **2 瓷勺**

香油 **少许**

食用油 **2 瓷勺**

味精 **适量**

小葱 **1 根**

生姜 **1 块**

大蒜 **5 瓣**

大雄唠叨

a　长茄子水分少，最好用老一些的，效果更好。彩椒是为了好看的，如果没有可以用柿子椒代替，喜欢吃辣可以换成尖椒或螺丝椒。

烹饪步骤

1 土豆去皮，切成条；茄子以井字刀切成粗条；彩椒切块；小葱切葱花；5 瓣大蒜压扁，留两个整的，其余切成末；生姜切末。

2 调神秘酱汁，先取一个碗，放入葱、姜、蒜，入 3 瓷勺鲜味酱油、半瓷勺黄豆酱、半瓷勺米醋、1 瓷勺料酒、1 平盐勺盐、1 平盐勺白糖、一点点味精、2 瓷勺淀粉，搅拌均匀。加入冷水，大致和碗里的汁水一样多，最后滴入几滴香油。

3 将土豆条放到微波炉里，高火 3 分钟后取出；茄子条放入微波炉里，高火 5 分钟，取出放凉。

4 取平底锅，入 2 瓷勺食用油，开中火，油热后放入土豆条，将四面煎出小焦壳，无须盛出；转小火，加入茄子条，继续煎。

5 煎至茄子条也出现小焦壳，入彩椒，翻炒几下；转大火，入神秘酱汁，翻炒均匀，烧开收汁，香喷喷地出锅喽。

大雄唠叨

切菜时候要考虑之后的烹饪方式，大小要一致，切好的食材尽量能一起炒熟。

大雄唠叨

神秘酱汁是关键，按我这个配比，基本上错不了。

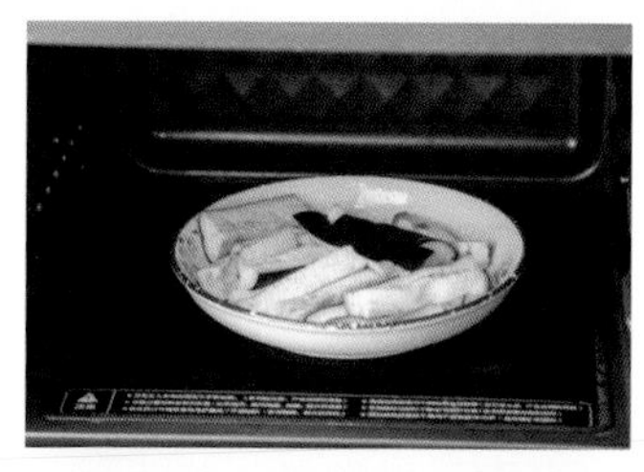

大雄唠叨

土豆条用微波炉加热 3 分钟，基本已经熟了。茄子用微波炉加热 5 分钟也基本熟了，且可以蒸发掉大部分水分，这样一来茄子烹饪时可以达到和炸制差不多的口感。

大雄唠叨

用煎代替炸，少油健康，口感是差不多的，大家试试。这道菜肯定会成为你家的一道常备菜。

海鲜河鲜一锅鲜

烤箱版香辣烤鱼

夜市烧烤摊是一个让人欲罢不能的地方，理智告诉我不能吃太多，不卫生、不健康、不营养，但是隔三岔五就忍不住想往那边拐。特别是好友相聚谈天说地的时候，没点啤酒、烧烤相伴，就不尽兴。矛盾啊，矛盾，怎么办呢？简单，自己动手，用放心的调味料、精心挑选的食材，放进烤箱做烧烤，不仅减少了油烟，避免了烤焦、烤煳产生的有害物质，而且一点儿不比烧烤摊做的味道差。偶尔吃一顿犒劳自己，烤蔬菜、烤肉串也不在话下，连烤鱼也能手到擒来，一起看看吧。

a

食材

草鱼 **1千克**

豆皮 **2张**

金针菇 **500克**

香菇 **5个**

洋葱 **1个**

芹菜 **1小把**

土豆 **1个**

莲藕 **1个**

香菜 **适量**

调味料

高汤 **适量**

干辣椒 **8～10根**

辣椒面 **2瓷勺**

盐 **2瓷勺**

郫县豆瓣酱 **1瓷勺**

豆豉 **1瓷勺**

花椒 **1瓷勺**

生抽 **4瓷勺**

料酒 **4瓷勺**

食用油 **适量**

白芝麻 **适量**

小葱 **4根**

生姜 **1块**

大蒜 **6瓣**

大雄唠叨

a 食材可以根据自己的喜好和当季蔬菜情况做出调整，这里只是提供一个参考样本。另外，豆皮若有，则尽量放，烤鱼里的豆皮，保准你吃过就忘不了。

烹饪步骤

1 先来处理鱼，2 斤左右的草鱼，背部开刀（沿背鳍下刀），打开鱼肚，去掉内脏、黑膜，洗净，再在鱼身两面开一字花刀。

2 将开好花刀的草鱼放入容器内，加入 4 瓷勺料酒、2 平瓷勺盐，抹匀，让鱼身每面均匀入味；小葱 4 根，挤出葱汁至鱼身上，放入鱼肚子里；生姜切 6 片，和小葱放一起，腌制 10 分钟以上。

3 豆皮 2 张，切成条；莲藕，切厚片；芹菜，切段（3 ~ 4 厘米）；土豆 1 个，切片；香菇 5 个，去蒂，开十字花；洋葱 1 个，切小块；金针菇，去根；生姜，切 5 片；大蒜 6 瓣，去掉蒜屁股，切片。

4 取出腌制用的小葱、生姜片，将鱼身两面刷上食用油，放在烤盘上。预热烤箱后，放入烤箱，上下火 250 摄氏度烤 20 分钟。

5 利用烤鱼的时间，咱们用炒锅来炒料，倒食用油（稍多，铺满锅底的量），大火加热到五成热（手放在锅上方，感觉到微微热），加入大蒜、生姜片，炒香；转小火，加入 8 ~ 10 根干辣椒、1 瓷勺花椒，炒香；加入 1 大瓷勺郫县豆瓣酱、1 瓷勺豆豉、2 瓷勺辣椒面，炒出红油，加入切好的配菜，转大火翻炒 2 分钟；加入高汤（没过食材的量），烧开，加入 4 瓷勺生抽。

6 鱼烤好后取出，加入豆皮，码在鱼身周围；把炒料浇到烤盘里，转至卡式炉加热，待沸腾，撒上香菜、白芝麻，完成。

大雄唠叨

若不敢处理鱼，可以在买鱼的时候请摊主弄好。

大雄唠叨

这种腌制方法同样适用于蒸鱼。

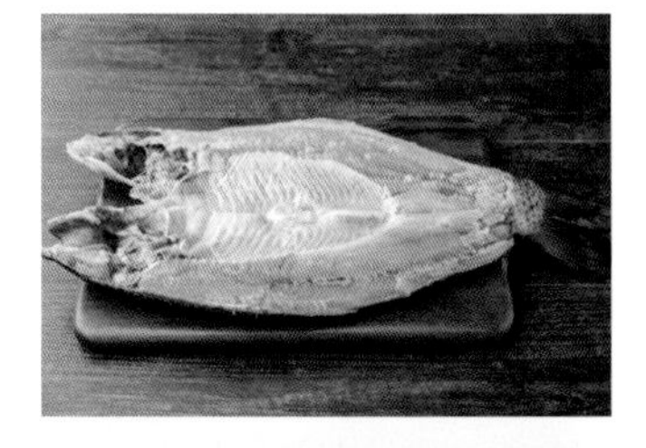

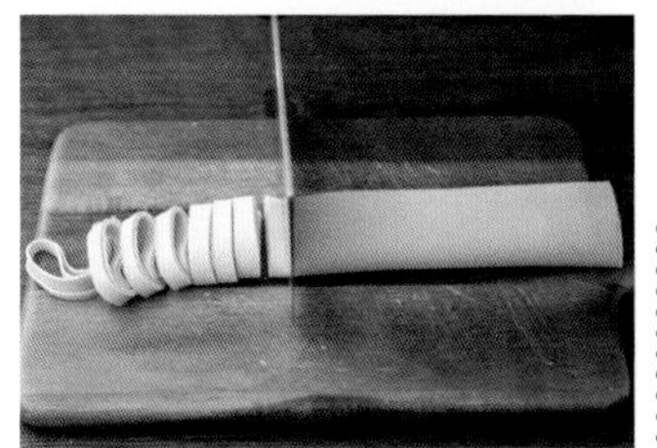

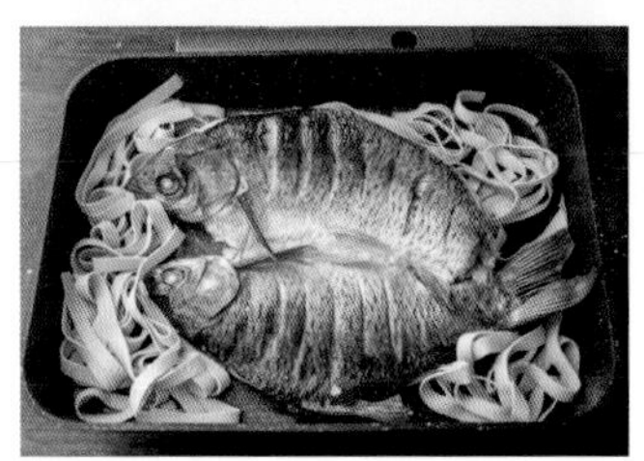

大雄唠叨

这一步让鱼充分烤熟，有烧烤香。并且借助高温入底味，待调味后，鱼吃起来里外味道都会很好。

大雄唠叨

盛入卡式炉是因为形状合适，可以边煮边吃，更入味，热腾腾的氛围感“拉满”。没有卡式炉的话，在浇汁以后用小火咕嘟几分钟，让鱼充分入味，直接盛出来吃，也一样美味。在家做好吃的东西真心不难，连烧烤也能轻松完成，下厨房真是乐事。

冬阴功水煮鱼

我很喜欢泰餐中的冬阴功汤，我对水煮鱼也爱不释手，有一天我突发奇想，把这两种味道融合起来应该非常好吃。其实和做水煮鱼的步骤一样，只是多了一种复合的味道，会让人很惊艳。感兴趣的朋友可以试试。

食材

草鱼 **1 千克**

黄豆芽 **250 克**

鸡蛋 **1 个**

调味料

冬阴功酱 **1 瓷勺**

红油火锅底料 **1 小块**

郫县豆瓣酱 **1 瓷勺**

淀粉 **1 瓷勺**

盐 **1 瓷勺**

料酒 **2 瓷勺**

白胡椒粉 **1 瓷勺**

花椒 **1 瓷勺**

麻椒 **1 瓷勺**

食用油 **适量**

干辣椒 **8 ~ 10 根**

高汤 **适量**

烹饪步骤

1 干辣椒 8 ~ 10 根，洗净，用剪刀一剪两段。

2 草鱼 1 条，收拾干净，去掉鱼头、鱼尾，鱼身以抹刀式切大片儿，鱼排切成段。切完后，放入大碗中，加 1 平瓷勺盐、1 平瓷勺白胡椒粉、1 瓷勺淀粉，抓匀；打 1 个蛋清进去，继续抓匀。

3 上锅，大火，加入 1 瓷勺食用油，加入黄豆芽，翻炒至黄豆芽断生，可以尝一下，熟了就马上盛出，倒入大碗里。

4 上锅炒料，开大火加入 3 瓷勺食用油，锅热后（手放在锅口上方能感到微微热）转小火，入 1 瓷勺郫县豆瓣酱、1 小块红油火锅底料（100 克左右），炒出红油。沿锅边烹入 2 瓷勺料酒（去除郫县豆瓣酱的异味）；加热水或者高汤，大火烧开，烧开后再煮 1 分钟，充分煮出调料的香味再关火，滤掉料渣。

5 将滤好的汤倒在锅中，开中火，加入 1 瓷勺冬阴功酱，搅拌至酱融化，转小火；鱼片下锅，小火煮，使鱼肉定形；待鱼肉变成微微白色，关火，将鱼肉捞出，放至黄豆芽上，浇些汤汁。

6 将剪好的干辣椒撒在鱼表面，撒上 1 瓷勺麻椒、1 瓷勺花椒。另起一小锅，倒入小半碗食用油，烧至七八成热时关火，浇在干辣椒、麻椒、花椒上，完成啦。

大雄唠叨

干辣椒要选香辣的品种，用剪刀比用刀切快得多。

大雄唠叨

这就是饭店大厨处理鱼肉的方法，可以让鱼肉非常嫩。这里我用的是草鱼，如果换成笋壳鱼、黑鱼、鮰鱼等会更好吃。

清蒸鲈鱼

清蒸鲈鱼，一道名菜，做法很简单，想做好却不那么容易。如何把清蒸鲈鱼做得不老不腥？来看看我家的做法。

食材

鲈鱼 **500 克**

香菜 **2 ~ 3 根**

调味料

盐 **2 盐勺**

料酒 **2 瓷勺**

蒸鱼豉油 **4 瓷勺**

食用油 **适量**

大葱 **1 根**

小葱 **3 ~ 4 根**

生姜 **1 块**

大蒜 **4 瓣**

小米辣 **2 根**

大雄唠叨

a 我用的鲈鱼是 500 克左右，如果你买的鲈鱼很大，要增加蒸制的时间。这个食谱通用于清蒸鱼，比如清蒸鳜鱼。

烹饪步骤

1 鲜活鲈鱼宰杀、洗净后沥干水，两面开花刀，在鲈鱼表面撒上薄薄的一层料酒（每面 1 瓷勺），再抹上薄薄的一层盐（每面 1 平盐勺的量）。

2 取 1 块生姜，切片；大蒜 4 瓣，去掉蒜屁股，压扁；大葱斜切 3 ~ 4 段（一个食指关节的长度），另切葱白，切成 3 个长段，要大致和鱼身一样宽，铺在鱼下面。

3 取盘子，将锅底铺入 3 段葱白，把鱼放在葱上，生姜片平铺放入鱼的花刀处，其余的生姜片、大葱段、大蒜瓣放到鱼肚子里，放一旁腌制。

4 小葱分成葱白和葱绿（一个食指的长度），分别切成葱丝；生姜切丝，小米辣切圈，香菜切碎。

5 上蒸锅，待水烧开，入腌制好的鲈鱼，大火蒸 10 分钟。

6 10 分钟后，马上取出蒸好的鲈鱼，把盘子里的汁水倒掉，把鱼身下的葱段和肚子里的葱、姜挑出来，在鱼身上撒上小葱丝、生姜丝、小米辣圈和香菜碎。

7 在炒锅里倒食用油，把食用油烧至四成热（3 秒钟左右），淋在鲈鱼身上，再在鲈鱼四周淋上 4 瓷勺蒸鱼豉油，完成。

开花刀是为了让鱼肉均匀受热，促使内部蒸熟。料酒可以去腥，也可用黄酒代替。

大雄唠叨

用葱白把鱼架起来，蒸的时候蒸汽可以均匀包裹鱼身，贴盘子这边也会很好吃。

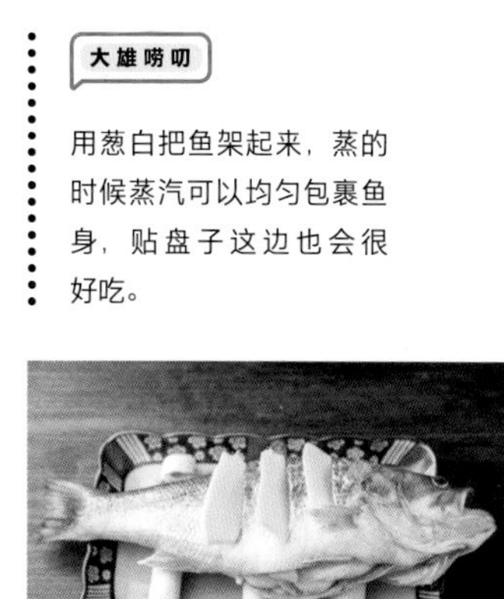

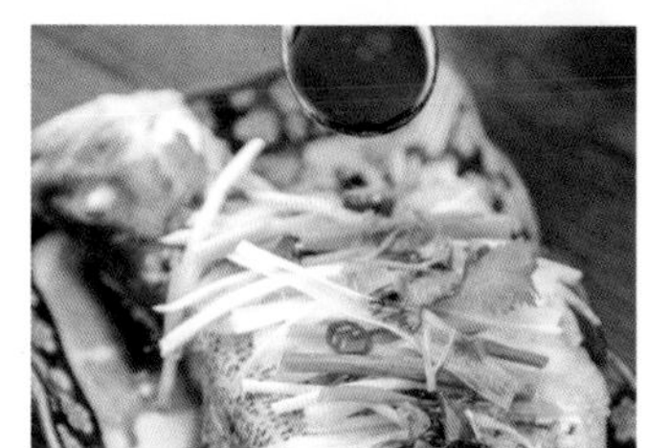

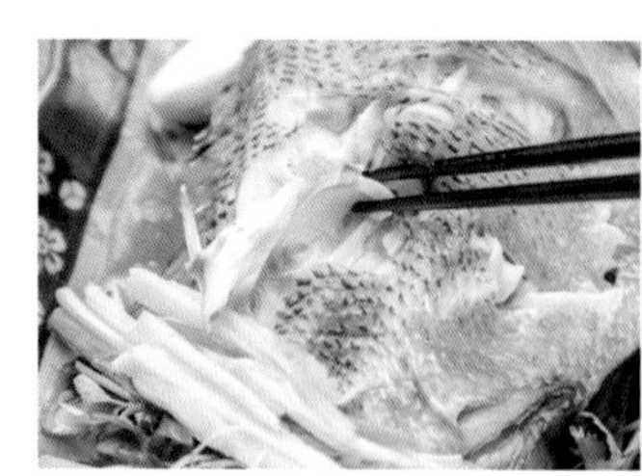

家常烧带鱼

我是北京人，小时候，一到冬天，每天就是吃白菜、土豆，要是能吃上一顿烧带鱼简直开心坏了，盘子里的汁都要用烙饼蘸了吃。烧带鱼香啊，一家做带鱼，邻居屋内都飘香（可能也是当时没有抽油烟机的缘故）。长大以后，在冬天可吃的食材太多了，但我还是最爱烧带鱼。

a

食材

带鱼 **500 克**

面粉 **适量**

调味料

八角 **2 颗**

醋 **8 瓷勺**

黄酱 **1/2 瓷勺**

香油 **1 瓷勺**

鲜味酱油 **2 瓷勺**

料酒 **4 瓷勺**

盐 **1 盐勺**

白糖 **1 盐勺**

白胡椒粉 **1 盐勺**

食用油 **适量**

大葱 **1 根**

大蒜 **5 瓣**

生姜 **1 块**

大雄唠叨

a 带鱼要选鳞片完整、肉质紧实饱满的。有些市场有冰鲜带鱼，那就更好了，比冷冻的强。还有一个选鱼的基本原则，就是越贵的带鱼通常品质越好，根据自己的预算来选择吧。

烹饪步骤

1 先处理带鱼，将鱼鳍撕掉，比剪掉更干净。去除内脏，带鱼腹中有一层黑膜，用钢丝球轻松就能擦去。用刀在鱼腹内划破靠近脊骨的肉，你会发现一根很粗的类似血管的东西，划几下，洗干净。如果你买的带鱼不是很新鲜，就准备一盆热水，大概 70 摄氏度，把带鱼放进去泡 3 秒，然后取出平铺，用厨房纸巾很容易就能刮掉带鱼表面那层银色的油和鳞片。带鱼处理完以后切段（6 厘米左右）。

2 将切好的带鱼放入容器，入 1 平盐勺盐、1 平盐勺白胡椒粉、2 瓷勺料酒，翻搅均匀，腌制 5 分钟以上。

3 大葱切段，大蒜切掉蒜屁股，压一下，生姜切 4 ~ 5 片。

4 将带鱼放在厨房纸巾上，吸走表面水分，然后裹一层面粉，记得抖掉多余的面粉（粉厚了容易吸油）。

5 上锅，入食用油，无须放太多，和放进去的带鱼保持基本平齐就可以，不要没过带鱼。半煎半炸，做出来最香。

6 大火加热，至五成油温（木筷子放进去持续有小气泡冒出），转中火，用手把带鱼一块一块放进去煎制。煎至一面金黄后，翻面。待两面都煎至金黄就煎好了，捞出沥油。

7 上炒锅，取一点煎鱼的油，1 瓷勺左右倒进去。中火，入葱、姜、蒜、2 颗八角，炒出香味。放入带鱼，垫在葱、姜、蒜上方（不容易煳），沿锅边烹 2 瓷勺料酒、8 瓷勺醋，入冷水没过带鱼。

8 水烧开后，入半瓷勺黄酱、2 瓷勺鲜味酱油、1 瓷勺香油、1 平盐勺白糖。晃下锅，均匀后，转小火，盖上锅盖炖 20 分钟。到 10 分钟的时候要看一眼，晃一下锅，防止煳底。20 分钟到，打开锅盖，大火收汁，装盘，开吃啦。

大雄唠叨

烧鱼时，如果遇到煎炸步骤，一定要把鱼的表面水分吸干再操作，不然就会溅热油，人容易烫伤。有的家庭在这一步喜欢裹鸡蛋或者淀粉，均可。家常烧法，一家一味，无可无不可。

大雄唠叨

如果是刚捕获的新鲜带鱼，清蒸就非常鲜美，也有人生吃。总之，食材越新鲜，需要的工序就越少，食材越不新鲜越腥。带鱼表面那层银色的东西其实是一层油，很容易氧化，就变得腥了，所以要用热水去油。

大雄唠叨

料酒和白胡椒粉都可以去腥、提鲜。

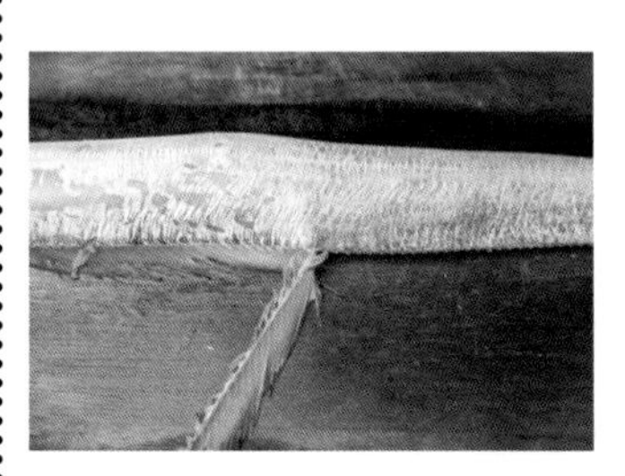

大雄唠叨

油炒香料的步骤是必要的，通过这个步骤，很多脂溶性香味物质才能出来。烧鱼离不开醋，醋易挥发，能带走鱼的腥味，很好地起到增香效果，料酒也是。不用担心太酸，因为醋都挥发和转化了。

大雄唠叨

用手放带鱼，不要害怕，不要扔进去。蘸了面粉后，油不会飞溅的。如果你是厨房新手，这个动作会让你充满成就感。因为连新手最害怕的热油，你都可以应付自如了。不要立即翻动带鱼，给它时间定形。带鱼翻面的时候要先翻比较薄的鱼块，让厚鱼块多煎一会儿。我喜欢在这个步骤把鱼煎得干一些，留出空间吸收下一步的汁水。

大雄唠叨

带鱼炖足时间，香味和口感会更好。这道菜看起来复杂，其实你可以一次性多处理一些带鱼，煎好放入冰箱。吃多少取多少，拿出就炖，方便多了，这也是北方家庭常用的办法。

红烧武昌鱼

我第一次去老婆家时，丈母娘做了这道红烧武昌鱼，令我印象深刻。结婚后，我学了过来，它就成了我的拿手菜。

很多人不会烧鱼，其实做起来很简单。比如武昌鱼，鲜、嫩、肥，价格也不贵，烧起来省时省力，用来招待客人也非常合适。

a

食材

武昌鱼 **750克**　　香菜 **2～3根**

调味料

料酒 **3瓷勺**　　小米辣 **1根**　　小葱 **2根**

生抽 **4瓷勺**　　花椒 **10粒**　　生姜 **1块**

老抽 **2瓷勺**　　八角 **2颗**　　大蒜 **6瓣**

米醋 **3瓷勺**　　红糖 **1瓷勺**

干辣椒 **2根**　　食用油 **2瓷勺**

大雄唠叨

a　武昌鱼曾是名贵的淡水鱼，肉质细嫩，背部和腹部丰腴，大规模养殖后价格大降，有时候甚至比鲤鱼还便宜，得以“走”入寻常百姓家。选购鲜活的武昌鱼就可以，不要买死的，虽然价格便宜，口感却差很多。

烹饪步骤

1 生姜，切5片；小葱2根，切段（4厘米长，也可打结）；大蒜6瓣，去掉蒜屁股；武昌鱼洗净，在鱼身划几刀；香菜切成段。

2 上锅，开大火，入2瓷勺食用油，烧至微热，入葱、姜、蒜、几粒花椒、2颗八角、1根小米辣、2根干辣椒，煸炒出香味；加入1瓷勺红糖，翻炒几下。

3 入冷水（没过鱼的量），开大火，将武昌鱼放入锅中；入4瓷勺生抽、2瓷勺老抽、3瓷勺料酒、3瓷勺米醋，盖上盖子，大火炖15分钟。

4 15分钟后，汁水剩下1/3，转小火，用勺子不停舀汤汁浇到武昌鱼身上，让武昌鱼更入味，颜色更漂亮，然后收汁，出锅，放上香菜，完成。

大雄唠叨

用蒜时，我习惯切掉黑黑的蒜屁股。

鱼身开花刀，有助于鱼肉的烧熟和入味。

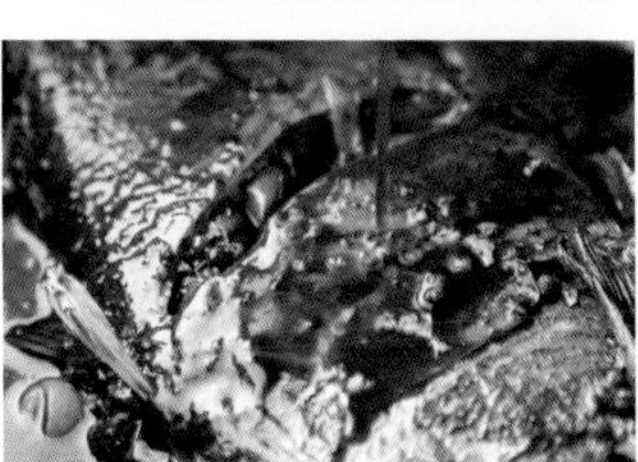

合家欢鱼头泡饼

鱼头泡饼是一道北方菜，南方朋友初到北京会发现路边有不少鱼头泡饼店。这究竟是个什么东西？会不会太腥？饼泡进鱼汤里，变稀烂了还能吃吗？好不好吃？一两个人吃不吃得完？或者够不够吃？带着无数个疑问，有的人进去吃了，有的人望而却步。到底味道如何、好不好吃，还是得看各人喜好。

我是很喜欢吃鱼头泡饼的，但也“踩”过几次“雷”，吃到过土腥味特别重的，很倒胃口，就琢磨自己在家做着吃。一来二去，摸到了诀窍，这道菜做出来丝毫不腥，并且鱼头鲜嫩、泡饼入味，好大的一盘，吃着相当过瘾。它不比好餐厅做的味道差，价格还便宜了一大半，好吃又实惠，做起来也简单，我这就把菜谱分享给大家，到底合不合胃口，自己试一次就知道了。

食材

五花肉 **150 克**

胖头鱼头 **1 个**

烙饼 **1 张**

红绿美人椒 **2 根**

调味料

啤酒 **600 毫升**

料酒 **4 瓷勺**

黄豆酱 **2 瓷勺**

米醋 **7 瓷勺**

生抽 **5 瓷勺**

干辣椒 **4 根**

盐 **1 盐勺**

食用油 **适量**

白糖 **2 盐勺**

大葱 **2 根**

生姜 **1 块**

大蒜 **8 瓣**

a

大雄唠叨

a 鱼头得用胖头鱼的鱼头，因为它个大肉多，这道菜才做得出来。

烹饪步骤

1 容器内接一盆冷水，撒入 1 平盐勺盐，加入热水，兑成温水（65 摄氏度左右，就是感觉手有点不敢放进去的程度），放入鱼头，泡一泡，洗一洗，撕掉鱼头内的黑膜。

2 大葱取葱白，切圈；生姜切粒；大蒜 8 瓣，去掉蒜屁股，切片；红绿美人椒切圈。

3 取带皮五花肉 150 克，切 5 ～ 6 片。

4 上锅，开大火，锅里倒入食用油（铺满锅底的量），烧至四成热，转小火，加入葱、姜、蒜、五花肉，煸炒出油脂，至葱发黄变色；加入 2 瓷勺黄豆酱，炒香、起泡即可。

5 加入鱼头，盖在葱、姜、蒜上。沿锅边烹入 4 瓷勺料酒、7 瓷勺米醋；转大火，令其挥发；加入 5 瓷勺生抽，保持大火，汤汁开始变浓稠时，将汤汁舀起来浇在鱼头上，反复多次，让鱼头均匀入味。

6 加入 2 平盐勺白糖、4 根干辣椒；加入一整瓶啤酒，再加一些水没过鱼头。烧开后，转中火，盖上盖子，炖 20 ～ 30 分钟。

7 整张烙饼，取一半，随意切成自己喜欢的形状，铺在容器内；将鱼头和汤汁浇在饼表面，撒上红绿美人椒圈，完成。

大雄唠叨

b 用这样的水泡一泡、抹一抹，能把鱼头表面黏黏的、比较腥的东西洗掉一些，还能泡出部分血水，做汤的时候更清爽。鱼头里的黑膜也要撕干净才不腥。

c 有了五花肉的脂香，这道菜会更出彩。

d 煸炒能让葱、姜、蒜里的芳香物质充分进入食用油里，继而在后续步骤中更好地浸到鱼头中。

e 料酒去腥，必不可少，不要怕酒味太浓，因为在大火煮的过程中，酒精会挥发掉。醋也有一定去腥的效果，同时还能让鱼肉变得更加软嫩，更好入味。

f 多熬煮一会儿更香，汤水一定要够，因为还有饼要就着汤汁吃，那才是这道菜的精华。

g 饼片吸饱了浓浓的鱼汤，醇香无比，一口饼配着一大块嫩鱼肉，一家人吃到撑，才几十块钱，美哉！

干烧黄鱼

在鱼类食谱中，清蒸、红烧居多，剁椒鱼头也是很多人喜欢的一道菜。今天我来分享一道新鲜的菜，又辣又鲜，吃完直嘬嘴伸舌、脑门冒汗，但下回还想吃！

食材

大黄鱼 **1条**　　五花肉 **100克**

香菇 **1朵**　　香菜 **1～2根**

调味料

泡椒酱 **1瓷勺**　　生抽 **1瓷勺**

郫县豆瓣酱 **1瓷勺**　　米醋 **3瓷勺**

菜籽油 **3瓷勺**　　料酒 **2瓷勺**

糍粑辣椒 **1瓷勺**　　植物油（非菜籽油） **3瓷勺**

花椒 **10粒**　　蚝油 **1瓷勺**

八角 **1颗**　　小葱 **1根**

盐 **1盐勺**　　生姜 **1小块**

白糖 **3瓷勺**　　大蒜 **7～8瓣**

味精 **1盐勺**

烹饪步骤

1 小葱切末，香菜切末，生姜、大蒜切丁，香菇切丁。

2 五花肉切丁。

3 大黄鱼划斜刀，在鱼的表面加 1 瓷勺料酒、1 盐勺尖盐，涂抹均匀，备用。

4 热锅中加 2 瓷勺菜籽油、2 瓷勺植物油，油热后放入大黄鱼。

5 煎 1 分钟之后翻面，煎至两面金黄，盛出。

6 锅中再加入 1 瓷勺菜籽油、1 瓷勺植物油，油热后放入 1 瓷勺泡椒酱、1 瓷勺郫县豆瓣酱、1 瓷勺糍粑辣椒、姜丁、蒜丁、花椒、八角，中火翻炒 2 分钟，将辣椒炒出香味。

7 在炒好的辣椒中放入五花肉丁、香菇丁，煸炒 1 分钟，炒出肉的脂香味。

8 加入开水，放入 1 瓷勺料酒、3 瓷勺米醋、1 瓷勺生抽、1 瓷勺蚝油、1 盐勺尖味精、3 瓷勺白糖，搅拌均匀，盐先不放。

9 放入煎好的大黄鱼，大火烧开锅后尝尝咸淡，不够再放盐。小火炖 5 分钟，把鱼翻面，再炖 5 分钟。

10 炖好后，转大火收汁，出锅，撒葱花、香菜。汁不用收太干，吃的时候可以用饼蘸着汁吃，鱼肉嫩，猪肉香，调味鲜爽辣，也可以配白米饭，很过瘾。

大雄唠叨

a 猪肉的脂肪香和鱼类的鲜味碰撞在一起，有意想不到的惊喜。

b 大黄鱼要事先处理干净。

c 一定要等油温升高再放鱼，这样鱼不容易腥，鱼肉也不容易散。

d　每一面在煎制过程中尽量不要翻动，盛起时也要力道轻些，尽量保持鱼身形状完整好看。

e　糍粑辣椒和豆瓣酱能把底料调得鲜辣美味。

f　小火炖煮，让鱼充分入味。

南瓜金汤酸菜鱼

酸菜鱼辣爽开胃，我一个人能吃一盆。酸菜酸香，鱼肉鲜嫩，再加上南瓜泥做成的金汤，这道菜好看又好吃，全家都爱。

a

食材

清江鱼 **1 条**

老坛酸菜 **200 克**

南瓜 **100 克**

杭椒 **2 根**

鸡蛋 **1 个**

香菜 **2 ~ 3 根**

调味料

味精 **1/3 瓷勺**

盐 **1 盐勺 +1/3 瓷勺**

白胡椒粉 **1/2 瓷勺**

料酒 **1 瓷勺**

食用油 **7 瓷勺**

生粉 **3 瓷勺**

白醋 **3 瓷勺**

小葱 **3 ~ 4 根**

大蒜 **4 ~ 5 瓣**

生姜 **1 块**

小米辣 **2 根**

大雄唠叨

a　能吃辣的朋友可以放一点泡椒和泡姜片，菜的味道会更酸爽。除了清江鱼，也可以用鲈鱼、草鱼、鳌花鱼。老坛酸菜要买金黄色的，这样煮出来好吃又好看。

烹饪步骤

1 小米辣、杭椒切圈；小葱一半切末（浇油用），一半切小段（炒时用）；生姜、大蒜切片；香菜切小段。

2 南瓜去皮、去瓤，切片，将切好的南瓜蒸 10 分钟，打成南瓜泥（蒸出来的汁水也一起打成泥）。

3 清江鱼用斜刀切成片，鱼骨头斩成块备用。在鱼片中放入 1 盐勺尖盐、1 瓷勺料酒，加 1 个鸡蛋的蛋液，顺时针搅拌均匀；再放入 3 瓷勺生粉，顺时针搅拌均匀；最后放入 1 瓷勺食用油，再顺时针搅拌均匀。

4 热锅中加入 2 瓷勺食用油，油热后放入鱼骨头，煎一下的目的是去腥并且让最后的汤发白，煎 2 分钟左右盛出。

5 热锅中再放入 3 瓷勺食用油，放入一半小米辣、杭椒，葱段、蒜片、姜片全部放进去，翻炒 1 分钟；倒入老坛酸菜，翻炒 2 分钟后出香味；放入煎好的鱼骨头，倒入开水，没过鱼头。

6 开锅后放入 1/3 瓷勺盐、1/3 瓷勺味精、1/2 瓷勺白胡椒粉、3 瓷勺白醋，搅拌均匀，煮 3 分钟。

7 煮好后捞出菜和鱼骨头，倒入 5 瓷勺南瓜泥，搅拌均匀，用漏勺捞出锅中的渣子。尝一下味道，若不够酸加白醋，若不够咸加盐，若不够辣加白胡椒粉。

8 一片一片放入腌好的鱼片，煮 3 分钟左右，撇去浮沫，把煮好的鱼片带汤水倒入捞起的鱼骨头中。

9 在鱼身上撒葱花、香菜。热锅放入 1 瓷勺食用油，油热后放入剩下的小米辣、杭椒，最后一起浇在葱花、香菜上，出锅。

大雄唠叨

用锅做盛酸菜鱼的容器，可以开着小火边咕嘟边吃。冬日围炉，吃这道菜真是舒坦极了。

红红火火油焖大虾 + 虎皮鹌鹑蛋

鹌鹑蛋和虾组合，能产生神奇的滋味。虾鲜，蛋香，这道菜营养丰富，外形“高大上”，做起来超级简单。而且它的品相红火，非常适合在聚餐时上这道菜，肯定让人眼前一亮。

食材

鲜虾 **10 个**

熟鹌鹑蛋 **10 个**

调味料

生抽 **3 瓷勺**

料酒 **3 瓷勺**

白胡椒粉 **1/2 瓷勺**

盐 **1/2 瓷勺**

白糖 **3 瓷勺**

番茄酱 **1 瓷勺**

番茄沙司 **1 瓷勺**

食用油 **4 瓷勺**

小葱 **4 根**

生姜 **1 块**

烹饪步骤

1 鲜虾 10 个，去虾线（牙签插虾尾的第二关节，手指捏住，挑出虾线）；生姜，切 5 片；小葱 4 根，切 5 厘米长段。

2 在碗中入 3 瓷勺生抽、3 瓷勺白糖、3 瓷勺料酒、1/2 瓷勺白胡椒粉、1/2 瓷勺盐、1 瓷勺番茄酱、1 瓷勺番茄沙司，搅匀。

3 上锅，锅内入 4 瓷勺食用油，铺满锅底的量，大火烧热，加入去皮鹌鹑蛋 10 个，煸炒，出虎皮纹后关火捞出备用。

4 开小火，放入鲜虾，煎炸，用锅铲压一压虾头，待虾变红后炸另一面；加入葱、姜，继续两面翻煎 5 ～ 6 分钟。

5 转大火，加入调好的酱汁、虎皮蛋，加小半碗水，继续用大火煮 3 分钟，关火。挑出葱、姜，摆盘，撒点葱绿做装饰，完成！

大雄唠叨

放番茄酱，一是为了提味，二是菜做出来颜色也好看。若实在不喜欢它，可以不放。

大雄唠叨

小火煎炸到位，会让虾皮变得非常酥脆，吃起来很令人惊喜，京菜馆里总会有一道酥皮虾的菜品镇馆。

大雄唠叨

这道菜学会了，完全可以拆成两道菜，鹌鹑蛋煎出虎皮纹后可以任意调味，哪怕撒点盐和香油也好吃；虾单独做也好吃，宾主尽欢。

茄汁油焖大虾

这是我家过春节时的一道“聚会保留菜”，每次一上桌，呼啦一下子就会被孩子们抢光。鲜美的大虾裹上浓浓的番茄酱，香极了，难怪小朋友们会喜欢。

a

食材

大虾 **8只**

调味料

食用油 **3瓷勺**

番茄沙司 **6瓷勺**

料酒 **2瓷勺**

白芝麻 **适量**

盐 **1盐勺**

白糖 **2盐勺**

生抽 **3瓷勺**

小葱 **3根**

生姜 **1块**

大蒜 **4瓣**

大雄唠叨

a 我用的是黑虎虾，也可以用其他海虾，总之用个头大的虾最好，因为耐煎，吃起来也过瘾。

烹饪步骤

1 剪去虾头上的虾枪，以防吃的时候被扎；去虾线，在虾尾上用刀开背，不用开特别大的口，大概开虾尾两个关节的长度即可，这样做能够让大虾更入味。

2 小葱 3 根，切段，取葱白部分切成末；大蒜 4 瓣，去掉蒜屁股，切成末；葱末和蒜末混合在一起，再切成细末；生姜取 1 小块切丝，别切太细，否则容易煳。

3 取不粘锅，锅中入 3 瓷勺食用油，铺满锅底的量，开小火，油温三四成热（手放上方感觉微微热）时倒入葱蒜末、姜丝，煸炒出香味，加入大虾，铺平锅底。

4 铺入虾后转成中小火，用大火则虾容易煳。借助锅铲翻动或转动锅底，防止葱、姜、蒜煳锅。煎至虾变红后，将所有虾翻面，煎另一面。沿锅边烹入 2 瓷勺料酒，等酒精挥发完加入 3 瓷勺生抽，转动锅底，再给虾翻面，让虾的两面都蘸满调料。

5 入 4 瓷勺番茄沙司，翻炒均匀；转小火，烧制 2 分钟左右，让味道浸入虾里，再入 1 平盐勺盐、2 平盐勺白糖，炒匀。

6 最后加入 2 瓷勺番茄沙司，炒匀，这样有两层番茄沙司的味道，菜的口感更丰富，颜色更红润、油亮。

7 炒匀之后，关火，摆盘，撒上白芝麻和葱绿，大功告成。

大雄唠叨

b 小朋友吃的话最好剪掉虾枪防止被扎伤。大虾要去虾线，因为其虾线通常比较粗。

c 如果没有小葱，用大葱也可以。葱、姜、蒜能很好地提味去腥。

d 这道菜最好用平底锅来做，或者用底部是平的炒锅，因为这是一道半煎半炒的菜。

e 煎大虾用中小火就能做出酥皮的效果，加入生抽可以让虾的口味更有层次感。

f 番茄沙司是调过味的酱类，酸甜可口，加热后味道会变得更浓郁。第二次加入番茄沙司也是很多大厨不外传的秘密，这样会有清新的回口。

g 家常菜点缀一下也可以很漂亮，生活要有仪式感。

咖喱肉蟹煲

肉蟹煲这道菜在最近几年火起来了，家人在餐厅吃后对此味念念不忘，我就在家做起来。我爱吃咖喱，就做了道咖喱味的肉蟹煲。用咖喱做这道菜有个好处，就是不需要自己费心调味，因为咖喱把味道定了，很容易做成功。

a

食材

螃蟹 **1只**
鲜虾 **6只**
鸡翅 **6个**
鸡爪 **5个**
黄心土豆 **1个**
鱼豆腐 **适量**
紫洋葱 **1个**

调味料

食用油 **适量**
盐 **1盐勺**
日式咖喱 **1块**
料酒 **2瓷勺**
淀粉 **适量**
鲜味酱油 **3瓷勺**
白芝麻 **适量**
小米辣 **2根**
小葱 **3～4根**
生姜 **1块**
大蒜 **2～3瓣**

大雄唠叨

a 蟹用海蟹、河蟹都行，日式块状咖喱是最适合家里用的。其他食材多一些少一些都无所谓，可以加你喜欢的，去掉你不喜欢的。

烹饪步骤

1 小葱切段，生姜切片，大蒜拍一下，紫洋葱、黄心土豆切块，鸡爪连根剁掉，剪掉鸡爪上的指甲，螃蟹一分 4 块，小米辣切成圈。

2 锅底入 2 瓷勺食用油，入葱、姜、蒜炒香（葱记得留一半）；放入鸡爪、鸡翅，大火翻炒至鸡肉微微变色，入 2 瓷勺料酒，大火翻炒至没有酒味；倒入开水，没过鸡爪，搅匀后入 3 瓷勺鲜味酱油，入 1 盐勺盐，盖上盖子炖 20 分钟。

3 螃蟹上蘸淀粉，另起一锅热油至六成热，放入木筷子有密集的小气泡出现即可，放入螃蟹进行煎炸，炸到螃蟹变色后捞出沥油。炸完螃蟹后放入鲜虾，炸至鲜虾通体变红则捞出。

4 20 分钟时间到，鸡爪、鸡翅炖好了，入一整块日式咖喱，搅拌至咖喱融化，倒入紫洋葱、黄心土豆、鱼豆腐，搅拌均匀，中火炖 10 分钟。

5 到时间后放入鲜虾和螃蟹，盖上盖子用小火焖 3 分钟。时间到，关火，撒上葱绿、小米辣圈、白芝麻。

大雄唠叨

不敢杀蟹的朋友可以让小贩代劳。

大雄唠叨

鸡肉炒一下可以炒出鸡油，能够提升整道菜的香气。

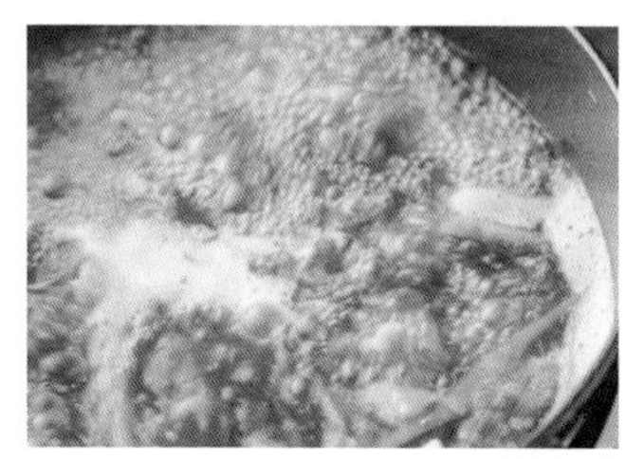

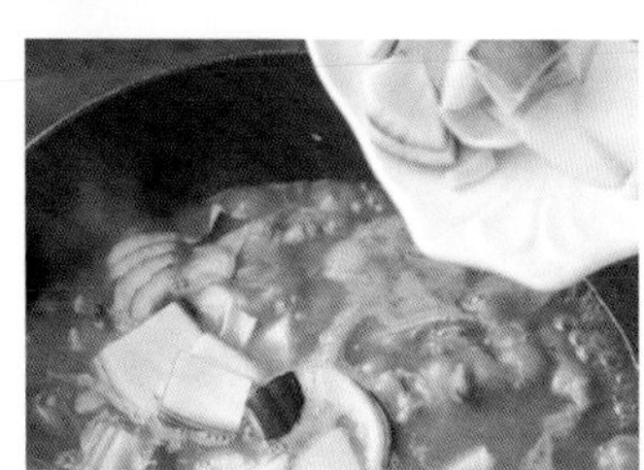

大雄唠叨

螃蟹蘸上淀粉，煎炸的时候就不会溅油。

大雄唠叨

鱼豆腐可以不放，土豆也可以不放，总之你不爱吃的都可以不放。

无油白菜海鲜卷

这道菜营养丰富，有充足的海鲜和蔬菜，无油、健康，难得的是味道还很鲜美，小孩子也很爱吃。我在一次国外旅行中吃到它，后来特意向大厨请教了做法，回家“复刻”出来，在这里分享给大家。

a

食材

虾仁 **350 克**

鱿鱼 **1 条**

三文鱼肉 **200 克**

洋葱 **1/4 个**

番茄 **2 个**

莲藕 **1 小块**

白菜 **1 棵**

调味料

盐 **3 盐勺**

黑胡椒粉 **适量**

大雄唠叨

a 这道菜食材丰富，如果没有三文鱼肉，用其他鱼肉代替也可。食材的量可以根据你要做多少海鲜卷来调整，这是一个用材比较开放的食谱。

烹饪步骤

1 番茄表面开十字花刀；莲藕去皮，切小丁；白菜 1 棵，从根部掰下 6 ~ 8 片叶子，再用刀切掉根部硬硬的部分，保留白菜叶，洗净备用；洋葱取 1/4 个，切成小丁。

2 鱿鱼 1 条，切圈；三文鱼肉 200 克，切小块。

3 烧一锅开水，将开过十字花刀的番茄放入，烫到皮微微卷起，去皮，切小丁，备用；白菜叶放入锅中煮熟，根据菜叶的厚度可烫 30 ~ 60 秒，菜叶变得有些透明即可，不要煮得过熟。煮时可以加入 1 盐勺盐，让颜色变得更好。

4 做海鲜泥要用料理机，加入虾仁、鱿鱼、三文鱼肉、番茄丁、洋葱丁、莲藕丁，加入 2 平盐勺盐，撒一些黑胡椒粉，盖上盖子，打成泥状。中途用筷子搅匀，不用太碎，有颗粒感更好。

5 取 2 片白菜叶，上方的白菜叶压在下方白菜叶的中间。如果白菜叶有茎，用刀切除，防止其太硬不易卷。2 勺海鲜泥铺在白菜叶中间位置，呈一长条状，自上而下开始卷，两侧往内翻折，收口压在白菜卷下方，包完后放入笼屉。

6 蒸锅内倒水，大火烧开，白菜卷上蒸锅蒸 8 分钟。如果白菜卷比较小，蒸 6 分钟即可。

7 时间到，出锅。如海鲜卷太大，可切两段摆盘，完成。

大雄唠叨

b 莲藕会增加菜肴脆脆的口感。

c 鱿鱼的胶质会帮助馅料成形，非常重要，不能没有。

d　白菜叶千万别煮过头，稍软即可，因为下一步还要蒸，不必担心不熟。

e　如果没有料理机，可以用刀剁，然后用筷子朝着一个方向搅动海鲜泥，打上劲儿。但最好还是用料理机，轻松省力。

f　目的是用白菜叶卷好馅料，你也可以开发自己的卷法。

电饭锅快手
菜饭一锅出

电饭锅版香嫩肥牛饭

一个电饭锅，就能做出超嫩牛肉饭，好吃、健康。一人食，两人饭，一家几口都够吃。菜、肉、主食，什么都有。偶尔偷懒一回，也能吃得香喷喷、美滋滋，比吃外卖划算多了。

食材

肥牛卷 **300 克**　　紫洋葱 **1/2 个**

大米 **适量**

调味料

味精 **1/3 瓷勺**　　盐 **1 盐勺**

料酒 **1 瓷勺**　　黑胡椒粉 **1/3 瓷勺**

生抽 **3 瓷勺**　　八角 **1 颗**

蚝油 **1 瓷勺**　　小葱 **3 ~ 4 根**

老抽 **1 瓷勺**　　生姜 **1 块**

食用油 **2 瓷勺**　　大蒜 **2 瓣**

烹饪步骤

1 将大米洗干净，泡到水中，水刚好没过大米。小葱切葱花，生姜、大蒜切片，紫洋葱切菱形小片（切丝会不成形）。

2 调神秘酱汁：先取一个碗，加入 3 瓷勺生抽、1 瓷勺老抽、1 瓷勺蚝油、1 瓷勺料酒、1 盐勺尖盐、1/3 瓷勺味精、1/3 瓷勺黑胡椒粉、4 瓷勺水，搅拌均匀。

3 按下电饭锅煮饭键，放入 2 瓷勺食用油，待油热后放入姜蒜片、八角，再放入紫洋葱片，翻炒出香味，至紫洋葱变半透明状。

4 放入肥牛卷，炒至肥牛变软。

5 放入调好的神秘酱汁，炒匀。

6 放入泡好的大米，搅拌均匀。

7 盖上电饭锅盖子，煮熟，开锅，撒葱花。

大雄唠叨

此酱汁出现频率极高，看过前面所给出的配方，应该能基本掌握了。

大雄唠叨

到了这一步，颜色和味道基本都调好了。

大雄唠叨

这个肥牛饭在家吃很好吃，上班带饭也会让同事眼馋呢！

电饭锅版腊味煲仔饭

这是一碗能摆平“甜咸党”纷争的煲仔饭，只需要广式腊肠 1 ~ 2 根、蔬菜几种、常用调味料 3 ~ 4 样，外加生姜少许。做法一说就通，出锅香喷喷，看到这道菜会使本来没有电饭锅的人想去买电饭锅。

当然，这种做法胜在方便，一个电饭锅就可以搞定。但是要想吃到煲仔饭的饭焦口感，还是要用砂锅或者铸铁珐琅锅。

食材

广式腊肠 **3 根**

大米 **适量**

胡萝卜 **1 根**

白豆角 **6 根**

香菇 **2 ~ 3 朵**

调味料

白胡椒粉 **1 瓷勺**

盐 **1 瓷勺**

味精 **1 瓷勺**

蚝油 **1 瓷勺**

生抽 **3 瓷勺**

老抽 **1 瓷勺**

食用油 **2 瓷勺**

小葱 **3 ~ 4 根**

生姜 **1 块**

大蒜 **3 ~ 4 瓣**

烹饪步骤

1 大米洗干净，泡在水中，水刚好没过大米。

2 小葱切葱花，生姜、大蒜切片，白豆角切斜条，胡萝卜切小条，香菇切条，广式腊肠切斜片（别太薄）。

3 取一个碗，放入1瓷勺尖盐、1瓷勺尖味精、1瓷勺尖白胡椒粉、3瓷勺水、1瓷勺蚝油、1瓷勺老抽、3瓷勺生抽，搅拌均匀备用。

4 按下电饭锅煮饭键，放入2瓷勺食用油，等待加热一会儿，放入姜蒜片炒出香味，再放入切好的广式腊肠，翻炒均匀。

5 放入白豆角、香菇、胡萝卜，翻炒。

6 倒入调好的酱汁，搅拌均匀。

7 放入泡好的大米，搅拌均匀。

8 盖上电饭锅盖子，煮熟即可。开锅，撒上葱花，满室飘香。

大雄唠叨

用这个酱汁做其他电饭锅焖饭也好吃，比如排骨焖饭。

大雄唠叨

蔬菜、肉、主食都有了，一锅出的煲仔饭，喷香好味，真不将就！

电饭锅版香菇鸡腿饭

电饭锅真是很实用的厨电，不但可以蒸米饭、烧汤，还可以加肉、加菜一锅出，做成焖饭，方便、快捷又美味，很适合不喜欢进出厨房惹一身油烟味但又想吃得好的朋友。我分享过好几个电饭锅食谱，红烧、糖醋式的菜都可以做，一两个人吃，简单而满足。这里介绍的是香菇鸡腿饭，其中的独家酱汁秘方可以用于多种肉类焖饭的制作。每天换着花样做美食，善待自己的胃。

食材

大米 **适量**

香菇 **3 朵**

鸡大腿 **1 个**

调味料

八角 **1 颗**

老抽 **约 2 瓷勺**

白胡椒粉 **1 盐勺**

盐 **1/4 瓷勺 +1 盐勺**

味精 **1/3 瓷勺**

食用油 **2 瓷勺**

蚝油 **1 瓷勺**

小葱 **3 ~ 4 根**

料酒 **2 瓷勺**

生姜 **1 块**

生抽 **3 瓷勺**

大蒜 **2 瓣**

烹饪步骤

1 大米洗干净，泡在水里备用，小葱切葱花，香菇切块，生姜、大蒜切片。

2 鸡大腿去骨（用刀尖或刀根比较方便剃），切成鸡丁。

3 在鸡丁中加入 1/4 瓷勺盐、1/3 瓷勺老抽、1 瓷勺料酒，搅拌均匀，最后放入 1 瓷勺食用油，拌匀后静置备用，可以去腥、入味。

4 神秘酱汁配方基本类似，取一个碗，加入 1 瓷勺料酒、3 瓷勺生抽、1 瓷勺蚝油、1 瓷勺老抽、1/3 瓷勺味精、1 盐勺尖白胡椒粉、1 盐勺尖盐、3 瓷勺水，搅拌均匀，备用。

5 按下电饭锅煮饭键，放入 2 瓷勺食用油，待锅热后放入 1 颗八角、姜片、蒜片，最后放入鸡丁，翻炒至变色，至八成熟。

6 把调好的神秘酱汁倒入鸡丁中，再倒入香菇块，搅拌均匀。

7 倒入泡好的大米，搅拌均匀。

8 盖上电饭锅盖子，煮至熟。在煮好的鸡腿饭上撒一层葱花，搅拌均匀就可以吃啦。

大雄唠叨

说实话，给鸡大腿去骨有点麻烦，最好去超市买现成的去骨鸡腿肉，或者换成带皮的鸡胸肉（我认为有鸡皮会更香）。

大雄唠叨

又是一道“秒杀”外卖的电饭锅好饭！

电饭锅版羊肉手抓饭

羊肉手抓饭是新疆特色美食，将大米和肥美的羊肉一起炒煮，佐以新疆特有的黄色胡萝卜。羊肉富含脂肪，其脂肪甘甜，浸透了大米，让抓饭变得油亮喷香！一般都是羊腿肉抓饭，我还见过羊排抓饭、碎肉抓饭、牛肉抓饭。

我更喜欢加了葡萄干的抓饭，吃起来有一点点酸，很解腻，很令人惊喜。因为喜欢吃，所以我就琢磨着做了电饭锅版羊肉手抓饭。正不正宗先不说，反正是好吃又好学。在异乡的新疆游子要是喜欢吃，还有想尝尝这一口美味抓饭的朋友，一起试试吧。另外，喜欢米饭和羊肉的朋友也要尝一尝。抓饭真是人类智慧的结晶！

食材

羊腿肉 **250 克**
大米 **适量**
胡萝卜 **1 根**
豆角 **6 ~ 8 根**
香菜 **1 根**
洋葱 **1 个**

调味料

食用油 **2 瓷勺**
生抽 **3 瓷勺**
老抽 **2/3 瓷勺**
料酒 **1 瓷勺**
白胡椒粉 **1/4 瓷勺**
盐 **1 瓷勺**
味精 **1 瓷勺**
孜然粉 **1/3 瓷勺**
小葱 **3 ~ 4 根**
大蒜 **4 ~ 5 瓣**
生姜 **1 块**

烹饪步骤

1 大米洗干净，泡到水中，水刚好没过大米，泡半小时。小葱切末，香菜切末，生姜、大蒜切片，豆角切丁，胡萝卜切丁，洋葱切小块，羊腿肉切小丁。

2 接下来调酱汁：取一个碗，入 3 瓷勺清水、1 瓷勺尖盐、1 瓷勺尖味精、1/4 瓷勺白胡椒粉、1/3 瓷勺孜然粉、1 瓷勺料酒、3 瓷勺生抽、2/3 瓷勺老抽，搅拌均匀，备用。

3 按下电饭锅煮饭键，放入 2 瓷勺食用油，等待烧热，放入姜片、蒜片，翻炒一下；放入羊腿肉丁，翻炒至变色；放入洋葱块、胡萝卜丁、豆角丁，再放入调好的酱汁，炒拌入味。

4 倒入泡好的大米，搅拌均匀。

5 盖上电饭锅盖子，煮至熟。“葱花爱好者”开锅必放葱花。

大雄唠叨

a 因为是用电饭锅一锅出，所以羊腿肉切小点儿容易熟，也好嚼，但不如真正的手抓饭那样大块大块地吃起来过瘾啦。

b 这个酱汁适用于易有腥膻味的牛羊肉。

c 豆角是我自己喜欢的，而且觉得这样配色好看，不喜欢的朋友可以不加。

d 吃抓饭要配些小凉菜，开胃解腻。新疆餐馆一般会送皮辣红，自己在家吃可以拍个黄瓜、拌个豆腐，也很不错。

小吃零食点心 健康美味

自制韩式辣酱炸鸡

我在北京望京地区生活不少年了，这里有很多韩式料理餐厅，韩式炸鸡吃得多了，我就自己研究了一下方子，并做了一些改良，发现做起来还挺简单的。用鸡腿或者鸡翅做炸鸡都可以，裹上浓郁的酱汁，好吃得根本停不下来！配上啤酒或者可乐，它还是很不错的聚会零食！

考虑到很多朋友更爱吃甜辣口，我在调酱汁时调整了番茄酱和韩式辣酱的比例，果然大受好评。

食材

小鸡腿 **10 个**

牛奶 **80 毫升**

洋葱 **1/2 个**

鸡蛋 **1 个**

调味料

糯米粉 **50 克**

白糖 **20 克**

盐 **1/3 瓷勺**

白芝麻 **适量**

韩式辣酱 **50 克**

大蒜 **10 ~ 15 瓣**

番茄酱 **150 克**

烹饪步骤

1 洋葱切圈。

2 在小鸡腿上划几刀，更易入味。

3 在小鸡腿上放洋葱圈，加牛奶、盐，腌制 30 分钟。

4 把大蒜切成末，然后调酱汁：碗中入蒜末、韩式辣酱、番茄酱、白糖，加入开水，用勺子搅匀。番茄酱和韩式辣酱的比例是 3 ∶ 1，蒜末和白糖的量根据自己的口味来调即可。

5 将腌制好的小鸡腿挑出来放入容器中，打入 1 个鸡蛋，再倒入糯米粉混合。用手将糯米粉充分揉裹在小鸡腿表面，至鳞片状。将裹好的小鸡腿依次放入铺满糯米粉的盘中，再裹上一层糯米粉，这样炸出来的小鸡腿更脆更香。

6 油温烧至一根木筷子伸进去冒密集小泡的程度，调中火，把小鸡腿放入，炸至表面变硬变脆，气泡明显变少。可以拿出来一个切开看看，内部完全变色就是熟了。捞出，开大火把油加热 2 分钟，把炸过的小鸡腿放入锅中复炸 2 ～ 3 分钟，颜色变深就可以捞出沥油。

7 另起一锅，把调好的酱汁倒入锅中，用中火把酱汁烧开，搅拌。当酱汁开始冒小气泡并变黏稠时，将炸好的小鸡腿倒入，用锅铲翻炒，小鸡腿表面裹满酱汁即可出锅摆盘，最后撒上一把白芝麻。

大雄唠叨

a 不用料酒，而是用牛奶来腌制，同样可以达到很好的去腥效果。

b 糯米粉裹在鸡腿表层，鸡腿炸出来会更脆。没有糯米粉可以用淀粉或面粉来代替，或者直接买现成的炸鸡裹粉。

c 炸鸡腿的时候注意油温不要过高。复炸是为了把鸡腿里多余的油和水分用高温煸出来，这样鸡肉吃起来会更脆，口感更好。

d 摆盘撒上白芝麻做点缀，颜色更加鲜亮诱人，让人等不及想吃。别看鸡肉这么红，其实是因为番茄酱，提香增色的同时，番茄酱与韩式辣酱的味道中和，不至于辣到令人无法下口。

炸小酥肉

把刚炸出来的小酥肉掰开，面粉的香气、淡淡的花椒味，混合着肉类的脂香，这些味道立刻散发出来。那味道让人一点儿都舍不得放过，想全都深吸进鼻子里，“馋虫”也随之不安分起来。手里的还没吃完，眼睛已经在搜寻下个目标了。这香味把其他人也吸引了过来，大家围在锅灶旁边，吃个不停。

作为一道菜，小酥肉就是这样，还没离开厨房，就已经被吃去大半。当菜、当零食或是用来涮火锅，无论是做配菜还是主角，小酥肉都可以圆满完成任务。这道菜冷热都好吃，炸一次可以吃好几顿，学会了做法，实在不亏。

食材

猪肉 **500 克**　　鸡蛋 **3 个**

红薯淀粉 **10 瓷勺**

调味料

食用油 **适量**　　盐 **1 盐勺**

料酒 **1 瓷勺**　　花椒 **2 瓷勺**

啤酒 **20 毫升**

大雄唠叨

a　炸酥肉可以用猪肉，也可以用鸡肉，操作方法基本相同，在入锅后适当缩短鸡肉的油炸时间即可。爱吃偏肥猪肉的朋友可以用五花肉，爱吃瘦一点的就用里脊肉。

烹饪步骤

1 猪肉 500 克，切大片（3 ~ 4 毫米厚），放入 1 平盐勺盐，抓匀，放一旁腌制。

2 取一个小锅，开小火，倒入花椒 2 瓷勺，焙香，香味出来就可以关火啦。

3 将焙香后的花椒放在案板上，用擀面杖按压成半碎的花椒粒，倒进肉里，加 1 瓷勺料酒，抓匀，静置一边，腌制 30 分钟以上。

4 3 个鸡蛋打入容器，加入 20 毫升啤酒，加入 10 瓷勺红薯淀粉，搅拌成黏稠又可以流动的状态，糊能挂在肉上，则静置一边。

5 猪肉腌制 30 分钟后放进糊里，用筷子或夹子搅拌，使猪肉的表面挂满糊。

6 锅中倒入食用油，烧至五成热（木筷子伸进有气泡），转小火，把肉一片一片地下入锅里，待表面炸至变硬的状态则捞出来，放在一边，静置 1 分钟。

7 锅中油继续升温 1 分钟，将第一次炸的酥肉放入锅中复炸，开大火。复炸能让酥肉变得更加酥脆，同时把肉里面的油煸出去。

8 复炸 1 分钟后就可以捞出，出锅啦！

大雄唠叨

b 花椒干焙一下，其香味更浓。做凉菜放花椒时，也可以这样干焙后捣碎，用于调味。

c 如果实在不喜欢颗粒感酥脆的花椒，可以压得碎一些，成粉状。用花椒腌制这一步不能少，可以极大地帮助肉入味。

d 因为鲜肉含水量不同，所以淀粉没办法定量。一般是 500 克肉加 1 个鸡蛋，淀粉则自己往里加，一次加 5 瓷勺，然后搅拌，观察糊的状态，调制到能够挂在肉上，不过分稀也不太稠的状态即可。听起来比较微妙，其实做过一次就心中有数了。

e 这层糊就是小酥肉的酥壳，喜欢吃的朋友可以多挂一点儿，糊也可以稍微调稠一点儿。

f 注意不要炸煳了，炸到微焦就行。用筷子夹一下，壳变硬即可捞起来。

g 复炸后的小酥肉外酥里嫩，而且油炸出去了，肉不会太油腻。街头香酥炸鸡店的秘诀就这么学到手了！做其他炸物时也可以试试复炸。

h 调味料已经事先入味，不用蘸料，直接吃就很过瘾。如果觉得不够，可以蘸着点辣椒面或椒盐吃，总之就是香喷喷！

香辣酥皮薯条虾

冬日放假，在家里看电视、看书，休息时有一壶茶在手边，发一阵呆，看向窗外一阵，闭着眼睛晒太阳一阵，沉浸式放空，慵懒舒服。起身走动，顺手拾掇拾掇小物件，到阳台上浇浇花，转进厨房归置归置东西，忽然就很想吃炸薯条，莫名其妙。

不想出门，更不想点外卖，干脆自己做。早上去菜市场买的鲜虾还有剩余，灵光一闪，薯条搭配炸虾，感觉会很不错，于是三下五除二开火动工。香辣锅底简单一调，出乎意料地好吃，薯条和虾各自带着脆壳，薯条壳脆香，虾壳微酥，还有随手放进去的蔬菜香甜味，赚了呀！这道香辣酥皮薯条虾从此成了我家待客的保留菜，既当零食又当菜，大人、小孩都喜欢。

食材

鲜虾（海白虾） **250克**

香菜 **1小撮**

黄心土豆 **1个**

洋葱 **1个**

香芹 **1小把**

调味料

郫县豆瓣酱 **1瓷勺**

花椒 **1瓷勺**

老干妈 **1瓷勺**

淀粉 **1瓷勺**

白糖 **1/2瓷勺**

白芝麻 **适量**

干辣椒 **8～10根**

食用油 **1/2碗**

烹饪步骤

1 鲜海白虾先冷冻 20 分钟，因为冻僵了更好处理。

2 剪掉虾枪、虾须，用剪刀或者牙签插在虾尾第二关节处，一拉即可轻松去掉虾线；虾倒进漏勺里，沥去水分，备用。

3 香芹 1 小把，切成段（4 厘米左右长）；香菜 1 小撮，切段（3 厘米左右）；洋葱取 1/4，切成洋葱丝；黄心土豆 1 个，去皮，切成较细的土豆条。

4 干辣椒 8 ~ 10 根，用水清洗一下（表面有水分，炒的时候不容易煳），切段（1 厘米左右）。

5 在沥完水的虾表层撒上 1 瓷勺淀粉。

6 上锅，开中小火，锅中倒半碗食用油，烧到四五成热（手放在锅上方，感受到油有热气），加入虾进行煎炸，煎至朝上这面变红，翻面，再煎 1 分钟。用锅铲把虾挪至一边，倒入土豆条。土豆条可以先用微波炉预热（3 分钟，再炸会比较快），炸至表面有硬硬的脆壳感即可。

7 将煎好的虾和土豆条倒在漏勺上，沥出油。这些油经过炸制已充满虾油，可以留用，用来炒菜也不错。取 2 瓷勺沥出的油入锅中，开最小火，加入 1 瓷勺郫县豆瓣酱、1 瓷勺老干妈，小火，炒出红油；加入干辣椒段和 1 瓷勺花椒，翻炒半分钟，炒出香气。

8 加入洋葱丝、香芹段，翻炒一下，加入炸好的虾和薯条，炒散、炒匀。转中火，撒入香菜段，翻一翻锅，撒入半瓷勺白糖。拌匀后撒上白芝麻，完成。

大雄唠叨

a 处理虾的时候可以戴上手套，防止虾枪、虾嘴刺到手。

b 这些蔬菜是做干锅菜时的常见搭配，这道香辣酥皮薯条虾就是干锅虾的升级版。

c 注意区分干辣椒的辣度。如果你特别不能吃辣，就少剪几个，带点儿辣味儿开胃就行了。如果菜品太辣了，下不了口，就得不偿失了。

d 如果特别怕溅油，可以把沥过水的虾用厨房纸巾盖住，轻轻按压吸去水分，撒淀粉，然后抖匀。

e 要是觉得不好掌握，可以把煎好的虾捞出，再煎薯条。

f 炒料时记得把抽油烟机开到最大挡。

g 香气扑鼻的薯条虾，连壳都能嚼碎了吃，直接上手，舔着手指头吃，家常“追剧唠嗑”，备一锅吧。

炸胡萝卜素丸子

我姥爷很喜欢做素丸子，胡萝卜口味，撒上五香粉，味道好极了。刚炸出来是脆脆的，有蔬菜经过油炸特有的清香。胡萝卜素丸子炸好后，既可以直接吃，又可以做熘丸子。后来姥爷去世了，我就自己做这道炸胡萝卜素丸子，但味道不及姥爷做的，总觉得差一点儿。

a

食材

胡萝卜 **3根**

面粉 **1瓷勺**

香菜 **1小把**

鸡蛋 **2个**

调味料

五香粉 **2瓷勺**

味精 **1瓷勺**

盐 **2瓷勺**

香油 **1瓷勺**

姜粉 **1瓷勺**

食用油 **适量**

玉米淀粉 **10瓷勺**

大雄唠叨

a 香菜不爱吃就不放，爱吃就多放。有玉米淀粉的丸子炸出来更脆，喜欢吃软一些的丸子，就用面粉代替玉米淀粉。

烹饪步骤

1 香菜洗净，切碎；胡萝卜削皮去蒂。

2 在香菜碎里擦入胡萝卜丝，加入 2 平瓷勺盐、2 平瓷勺五香粉，1 平瓷勺味精（介意时可不放）、1 平瓷勺姜粉、10 瓷勺玉米淀粉、1 瓷勺面粉、1 瓷勺香油，打入 2 个鸡蛋，用筷子搅匀。

3 锅中倒食用油，烧到五成热（木筷子放进去有小气泡），调成中小火；借助勺子来团圆形丸子，放进锅里开炸，炸至丸子漂起来，至颜色金黄、表壳变硬，捞出备用。

4 不要关火，继续烧 2 分钟左右，油温升高后把丸子放入锅里，进行复炸，让丸子表面变得更脆，30 秒左右可以捞出。这样丸子表面更酥脆，颜色更漂亮，完成。

大雄唠叨

b 买个好的擦丝器，注意别擦到手哦。

c　五香粉和姜粉可以很好地提味，鸡蛋的加入，使得在提升口感时让丸子炸出的颜色更好。

d　素丸子很容易炸熟，所以需要控制好油温，使用中小火即可，丸子漂起来就捞出。

e　复炸是为了让丸子变得更酥脆，同时保持高油温让丸子更少存油，吃起来不腻。需要注意的是千万别炸煳了，注意观察颜色。

自制午餐肉

午餐肉陪伴了很多人读中学、大学的加餐时光，也陪伴了很多人工作后的泡面时光，还陪伴了我们大多数人的火锅时光。一盒午餐肉，光是放在那里，就已经很馋人了，更何况它还总是散发出巨浓的香味。

实在抵抗不了午餐肉的诱惑，只能自己做了。是的，午餐肉也可以自制，方法简单，味道还超好。想放多少肉就放多少肉，给宝宝做早餐也安全放心，涮火锅、炒菜也好吃，再也不用吃外面的淀粉午餐肉啦！

食材

猪肉馅 **500克**　　面粉 **1瓷勺**

鸡蛋 **1个**　　红曲米 **1盐勺**

调味料

椒盐 **1盐勺**　　黑胡椒粉 **适量**

姜粉 **1盐勺**　　盐 **1盐勺**

味精 **1盐勺**　　白糖 **1盐勺**

生抽 **2瓷勺**　　料酒 **2瓷勺**

蚝油 **1瓷勺**　　食用油 **适量**

香油 **1瓷勺**　　大蒜 **10瓣**

淀粉 **1瓷勺**　　小葱 **2根**

烹饪步骤

1 大蒜 10 瓣左右，剁成蒜泥；小葱 2 根，取葱白剁碎。

2 猪肉馅 500 克，加 1 平盐勺盐、2 瓷勺生抽、1 瓷勺蚝油、2 瓷勺料酒、1 平盐勺味精、1 平盐勺红曲米、1 瓷勺淀粉、1 瓷勺面粉（淀粉加面粉与肉的比例为 1 ∶ 5）。加入葱蒜末，加入 1 平盐勺姜粉、1 平盐勺椒盐，打入 1 个鸡蛋，加入 1 平盐勺白糖、1 瓷勺香油，用筷子往一个方向搅匀，爱吃黑胡椒粉的朋友可以撒入 3 ～ 4 圈黑胡椒粉，搅至上劲。

3 取一个容器，如玻璃饭盒，容器表面刷一层食用油，加入搅好的肉馅，用刮刀或铲子整理形状，压平。

4 盖保鲜膜或锡纸，放入蒸锅，用中火蒸 30 分钟。

5 蒸好后取出，打开保鲜膜，取出午餐肉，切片。

6 取平底煎锅，加入 2 瓷勺食用油，锅热后转小火，加入午餐肉片，两面煎出微黄焦边，出锅，撒葱花，完成！

大雄唠叨

葱绿也不能浪费，做其他菜的时候顺手撒一把葱绿吧。

大雄唠叨

自制香肠也可以用这个配方来做。

大雄唠叨

到这一步，肉其实已经熟透了，要是喜欢煎着吃，可以进行下一步。

酸辣开胃的红油凉皮

炎炎夏日，一碗酸辣开胃的凉皮下肚，别提有多舒坦了。红油辣子浇上，葱花、香菜抓一把，黄瓜细细切丝，陈香的黑醋浇上，香醇的芝麻酱拌开，什么食欲不振，统统消失。夏天吃凉皮的苦恼只在于：如何才能少吃一碗？

凉皮好吃，但传说很不好做。“洗面 4 小时，吃完 3 分钟”，说的就是它，苦啊。别担心，我这里有一个食谱，不用洗面，只要 5 分钟就能做好一碗酸辣开胃的红油凉皮！还有神秘酱汁奉上。从今以后，让你实现凉皮自由，想吃就吃，好吃还不闹肚！

食材

高筋面粉 **50 克**

香菜 **1 ~ 2 根**

黄瓜 **1 根**

调味料

小麦淀粉 **50 克**

红油辣子 **1 瓷勺**

熟黑芝麻 **1 瓷勺**

盐 **1 瓷勺**

芝麻酱 **1 瓷勺**

芝麻香油 **适量**

凉拌汁 **3 瓷勺**

大蒜 **10 瓣**

大雄唠叨

a 逛一趟超市，大部分材料就配齐了，包括红油辣子。要是喜欢，完全可以自己炸，会更可口。如果没有芝麻香油，也可以用植物油。

烹饪步骤

1 黄瓜切丝，香菜切末，大蒜切末。

2 高筋面粉和小麦淀粉按照 1 ： 1 的比例混合，放入容器中，加入 1 小碗水，边搅拌边加水，再加入 1 瓷勺尖盐，顺时针搅拌 5 分钟左右。搅拌后的面糊要有一点稠，但仍是流动状态。

3 找一个平底容器，在底部刷一层芝麻香油，倒入薄薄一层面糊，上锅蒸 3 分钟。

4 把蒸好的凉皮放凉，然后用筷子沿凉皮边缘轻转，使凉皮与容器分离，方便取出。

5 把凉皮卷一下，在刀上沾一层水，可以防止凉皮粘连，把凉皮切成长条，过一遍凉水，放在碗中。

6 往凉皮中放入 3 瓷勺凉拌汁、黄瓜丝、香菜末、蒜末、1 瓷勺红油辣子、1 瓷勺芝麻酱、1 瓷勺熟黑芝麻，搅拌均匀。

大雄唠叨

面糊要铺匀，尽量不要漏出锅底，要不蒸出来有大洞小洞，虽然不影响吃，但样子就不太好看啦。

大雄唠叨

在面糊中加盐是为了增加底味，吃起来也更筋道，注意不要加太多。

大雄唠叨

切好的凉皮过水，吃起来会更加爽滑。

大雄唠叨

先尝一下，咸味不够再加盐。不能吃辣的朋友就少放。醋多醋少，也看自己喜好。用此法拌凉面、凉粉、粉丝、粉条亦可，清爽开胃还下酒的一道凉拌菜上桌，相当受欢迎。

自制肉末红油酸辣粉

酸辣粉是川渝的小吃，红彤彤、油汪汪、火辣辣，看着就让人有食欲。不必说火锅、冒菜、麻辣烫，单是一碗酸辣粉，就足够让人爱不释手，辣得嘴疼却停不下来，夏天吃着过瘾，冬天吃着过瘾，一年 365 天，总有几顿交给酸辣粉。

学会自己做，用料干净、放心，想吃就吃，更过瘾！

食材

红薯粉 **1 小把**

小香芹 **1 小撮**

猪肉末 **200 克**

酸豆角 **适量**

调味料

花椒粉 **1/2 盐勺**

白糖 **1 盐勺**

盐 **1 盐勺**

香油 **1 瓷勺**

食用油 **1 瓷勺**

生抽 **1/2 瓷勺**

米醋 **3 瓷勺**

红油辣子 **适量**

小米辣 **1 根**

烹饪步骤

1 小香芹，取 1 小撮，切成末；小米辣 1 根，切圈；红薯粉放入水中泡发。

2 炒猪肉末时可以先在锅内倒 1 瓷勺食用油，加入猪肉末 200 克，撒入半平盐勺盐，炒至猪肉末变色，关火，盛出备用。

3 上锅，把水烧开，加入泡发好的红薯粉，煮 5 分钟左右。

4 找一个大碗拌调味料，加入 3 瓷勺米醋、半瓷勺生抽、1 瓷勺香油、半平盐勺花椒粉、半平盐勺盐、1 平盐勺白糖。

5 将煮好的红薯粉捞出，放入碗中；码上炒好的猪肉末、酸豆角、小香芹末，红油辣子建议放 2 ~ 3 瓷勺，以个人口味为准，再撒上一些小米辣圈，完成。

大雄唠叨

买到的红薯粉不同，煮出来的软硬度会有区别，可以煮一阵捞起来，用手掐掐软硬，不要煮太烂。

大雄唠叨

这是一个基本配方，可以根据自己的口味调整咸淡、多酸、少酸、中辣、微辣。

大雄唠叨

有酸，有辣，有麻，有鲜，肉末不够自己加；酸辣味若不够，红油辣子和醋有的是。满满一大碗，吃下去，一身汗，真过瘾啊！

自制麻辣烫

路边小店的麻辣烫真是诱人啊，红辣辣、油汪汪，香气扑鼻，馋得人的肚子叽里咕噜地叫，忍不住要吃一碗。可吃着吃着问题也就出现了，要么是吃起来没闻着那么香，一股子“加工味”；要么是吃完回家闹肚子，一晚上不得消停。当然，既好吃又卫生的麻辣烫也有很多，却始终不如自己在家做放心：食材可控，辣度自调，更对得起自己的肠胃。

a

食材

香菇 **适量**

平菇 **适量**

莜麦菜 **适量**

娃娃菜 **适量**

莲藕 **适量**

魔芋丝 **适量**

香菜 **适量**

丸子 **适量**

调味料

泡椒酱 **2 瓷勺**

郫县豆瓣酱 **2 瓷勺**

八角 **1 颗**

花椒 **10 粒**

花椒油 **3 瓷勺**

菜籽油 **6 瓷勺**

糍粑辣椒 **4 瓷勺**

麻酱 **适量**

味精 **1/3 瓷勺**

盐 **1 瓷勺**

料酒 **1 瓷勺**

生抽 **1 瓷勺**

小葱 **2 ~ 3 根**

生姜 **1 块**

大蒜 **2 瓣**

大雄唠叨

a 一年四季都可以吃的麻辣烫在食材选择上很自由，选应季新鲜的，美味会加倍。

烹饪步骤

1 生姜、大蒜切小片，小葱的葱白切小段（炒菜用），葱绿切葱花（点缀用）。

2 香菇切片，平菇撕成条，娃娃菜切段，莜麦菜切段。

3 莲藕削皮，一分为二，切片。将切好的藕片用水冲洗一下，然后泡在水里。

4 热锅中放入 6 瓷勺菜籽油、3 瓷勺花椒油，放入花椒、八角、生姜片、大蒜片、小葱段，再放入 2 瓷勺郫县豆瓣酱、2 瓷勺泡椒酱、4 瓷勺糍粑辣椒，用中火翻炒 5 分钟左右，炒出红油。

5 在炒好的底料中加入开水，再放入 1/3 瓷勺味精、1 瓷勺尖盐、1 瓷勺料酒、1 瓷勺生抽，搅拌均匀。

6 放入丸子、香菇、平菇，再放入魔芋丝、藕片，最后快熟时放入其他蔬菜。

7 全部煮熟后盛出。淋上麻酱，撒葱花做点缀，爱吃香菜的朋友可以放一大把。

大雄唠叨

将切好的藕片泡在清水里，防止氧化变黑。

大雄唠叨

食材就按照煮熟的难易程度来放，难熟的先放，叶类蔬菜最后放。

大雄唠叨

麻辣烫不像火锅，一个人吃也很热闹。

家庭自制放心辣条

很多大朋友、小朋友爱吃辣条，吃起来简直上瘾，根本停不住。但市售辣条经常被曝有各种不合格的问题。我家女儿也爱吃辣条，于是我用腐竹做出了这道自制放心辣条，香辣酥脆，比买的好吃且令人放心。

食材

干腐竹 **200 克**

调味料

红油火锅底料 **100 克**

小米辣 **2 根**

干辣椒 **5 根**

白芝麻 **适量**

食用油 **适量**

料酒 **5 瓷勺**

米醋 **2 瓷勺**

辣椒粉 **1 瓷勺**

孜然粉 **1 瓷勺**

小茴香 **1 瓷勺**

盐 **2 瓷勺**

白糖 **约 6 瓷勺**

烹饪步骤

1 干腐竹 200 克，用温水或凉水泡发，切成 8 厘米左右的长条；小米辣 2 根，切圈。

2 锅内入 4 瓷勺食用油，铺满锅底的量；开小火，入 100 克左右红油火锅底料，炒化；入小米辣，入 5 根干辣椒，炒香；入 5 瓷勺料酒，待酒精挥发后加水。水不要多，刚能没过腐竹就好。

3 入 5 瓷勺白糖、2 瓷勺盐、2 瓷勺米醋，搅匀，转大火，烧开；把腐竹放进去，转小火，煮 5 分钟，再浸泡 10 分钟，捞出备用。

4 锅内入小半碗食用油，最好用平底锅，手放在锅口感受到热气后转小火，入腐竹；撒上 1 瓷勺小茴香和 1 瓷勺孜然粉，继续炸。

5 腐竹底部变色后翻面，炸至气泡很少、两面变色，腐竹变脆就可以出锅了。如果爱吃辣，可以撒上 1 瓷勺辣椒粉调味，再加半瓷勺白糖，增加甜度。出锅沥油，装盘，撒上白芝麻，完成。

大雄唠叨

a 腐竹不需要泡太久，刚刚泡发的状态是最合适的。

b 红油火锅底料炒一下会更香，少加些水，汁会更浓郁，有助于腐竹入味。

c 重辣的菜都要放些白糖，这样吃完回味是甜的，还能中和辣味。腐竹不需要煮太久，保持口感，浸泡是为了更好地入味。

d 腐竹不耐炸，油温不能高，容易煳。孜然粉用半粉那种最佳。

e 这道辣条吃起来是脆的，食用油是自己买的，还可以根据自己的口味任意调节辣味和甜味，可以说很令人放心了。

免烤箱版秘制香辣牛肉干

我老婆很喜欢吃牛肉干，但外面买的总有些令人不放心，不知道用的是什么牛肉，关键还挺贵的。我就借鉴川菜的做法，做出了这道复合香味的家庭自制牛肉干。自己买来上好的牛肉烹制，没有烤箱也能做。

a

食材

牛腱子肉 **1千克**

调味料

白酒 **2瓷勺**
桂皮 **1根**
香叶 **2片**
草果 **2颗**
八角 **2颗**
米醋 **2瓷勺**
生姜 **1块**
辣椒粉 **适量**
孜然粉 **1瓷勺**
小茴香 **1瓷勺**
花椒粉 **1瓷勺**
白糖 **2瓷勺**
盐 **1瓷勺**
食用油 **12瓷勺**
红油火锅底料 **50克**
黄豆酱 **1瓷勺**
白芝麻 **适量**
干辣椒 **8根**
小米辣 **8根**

大雄唠叨

a 做牛肉干要用牛腱子肉，因为它脂肪少，做出来口感足，最好用无筋的。所用的红油火锅底料品牌不限，买自己爱吃的就好。

烹饪步骤

1 生姜切 6 片；小米辣 8 根，切 1 厘米左右的小段。

2 上锅，开大火，将牛腱子肉整块冷水下锅焯水，加 2 片生姜，撇净煮出的血沫，至汤清。关火，捞出牛腱子肉，放凉，顺丝切成长 8 厘米左右的长条。

3 上锅，开小火，加入 2 瓷勺食用油，加入 50 克（掌心大小一块）红油火锅底料，炒化；再加入桂皮 1 根、草果 2 颗、八角 2 颗、香叶 2 片，加入小米辣段、干辣椒 8 根，翻炒。

4 炒出香味后，加冷水，没过食材的量，再入 1 瓷勺黄豆酱、1 瓷勺花椒粉、2 瓷勺白糖、1 瓷勺盐。放入牛肉条，再入 2 瓷勺白酒，加 4 片生姜、2 瓷勺米醋，搅匀。烧开后转小火，炖 1 小时，如果用高压锅则炖 40 分钟。

5 到时间关火，将牛肉条放在锅里浸泡 4 小时以上，便于入味。

6 浸泡完成，将牛肉条捞出，沥干汁水。上平底煎锅，加适量食用油（10 瓷勺左右），开小火，到油六七成热的时候（用木筷子试有气泡即可）放入牛肉条，煎炸，至气泡变少、牛肉产生硬壳的时候翻面炸制（若爱吃软的，稍微过一下油，1 分钟捞出即可，不用炸太久），撒上 1 瓷勺孜然粉、1 瓷勺小茴香，继续炸，炸至气泡不太多时捞出，撒上辣椒粉、白芝麻，摆盘，完成。这道佳肴喷香爽辣，比外面卖的牛肉干好吃多了。

大雄唠叨

对腥味敏感的朋友可以在焯水的时候加入生姜片和料酒。

大雄唠叨

做牛肉干时要顺丝切肉，否则容易散碎。

超大粒香辣牛肉酱

我家做香辣牛肉酱有秘方，牛肉粒大，香味浓郁，拌饭吃，当咸菜吃，拌面、夹馍都很妙。做一锅牛肉酱，密封后放冰箱，存一两个月不成问题，取用相当方便。

a

食材

牛里脊 **500 克**

调味料

郫县豆瓣酱 **2 瓷勺**

泡椒酱 **2 瓷勺**

盐 **适量**

白芝麻 **5 瓷勺**

花生碎 **5 瓷勺**

糍粑辣椒 **4 瓷勺**

味精 **1/2 瓷勺**

料酒 **1 瓷勺**

菜籽油 **20 瓷勺**

大葱 **1 段**

生姜 **1 块**

大蒜 **4 瓣**

大雄唠叨

a 我分享的这道牛肉酱偏川味，使用的郫县豆瓣酱和菜籽油是精髓。

烹饪步骤

1 生姜切小丁，大蒜切小丁，大葱切小丁。

2 牛里脊切成厚片。

3 锅中放冷水，放入切好的牛肉，再放入 1 瓷勺料酒，开火煮牛肉。

4 水开后煮 2 分钟，捞出牛肉，用冷水洗净。

5 将洗干净的牛肉切成小粒。

6 热锅中放入 20 瓷勺菜籽油，油热后放入切好的牛肉粒，炒至焦黄色，捞出。

7 在剩下的菜籽油中放入葱、姜、蒜、4 瓷勺糍粑辣椒、2 瓷勺郫县豆瓣酱、2 瓷勺泡椒酱，搅拌均匀，用中火炒 5 分钟；然后放入牛肉粒，搅拌均匀，加入 5 瓷勺白芝麻、5 瓷勺花生碎。

8 再放入 1/2 瓷勺味精，搅拌均匀。

9 尝一下味道，不咸则加盐，即可出锅。

大雄唠叨

留出要吃的部分，剩余的牛肉酱装到干净的容器中，放冰箱保存，随时取用，很方便。

自制放心肉松

肉松好吃又方便，在早餐面包里加一点，煮粥时撒一些，能增色不少，有孩子的家庭估计会备上一罐。然而纯肉松在市面上很难买到，外面买的肉松基本属于调味料过多，失了本味，吃着也不放心。自己做肉松又太耗时间，动辄要烤 1 小时、炒 1 小时，太麻烦。我想了个办法，不用烤，也不用炒，简单快手就能做好纯肉松，节省了原本用于脱水的时间，味道同样很好。

这个食谱适用于牛肉、猪肉、鸡肉等各种肉类，区别只在于搅拌的时间长短。个人觉得用牛肉做出来的口感最好。

食材

牛肉 **400 克**

调味料

料酒 **10 克**　五香粉 **5 克**

酱油 **8 克**　生姜 **1 块**

白糖 **10 克**　大葱 **1 根**

a

大雄唠叨

a 大葱、生姜主要是去腥调味，用量不用太多，看自己喜好。如果想吃鸡肉松、猪肉松，将肉替换为等量的鸡肉、猪肉即可，步骤是一样的。

烹饪步骤

1 将牛肉洗净，放入大盆，在冷水中浸泡 2 小时，中途换一次水。泡好后顺着纹理切成牛肉块（猪肉和鸡肉直接大块煮，不切小块）。

2 冷水上锅，入大葱、生姜、料酒、牛肉，煮 40 分钟，煮到用手可以捏碎的状态。用高压锅制作起来更快。

3 沥干水分，将煮好的牛肉放入搅拌机中打碎，也可以用料理机或破壁机。

4 在碎牛肉中加入白糖、酱油、五香粉，搅拌均匀。

5 将调好味的碎牛肉在微波炉专用容器中平铺好，放进微波炉中，用高火转 3 分钟，拿出来搅拌一下，再转 3 分钟，再拿出来搅拌。这时候你可以看看肉松干了没有，因为微波炉的功率不同，所以肉松干的时间也不同。如果没干，就再转 1 ~ 2 分钟（注意一定要每 3 分钟搅拌一下，让肉松均匀受热）。注意，金属容器不能放进微波炉。

6 烘干后的肉松用手掌搓成棉絮状。如果喜欢吃更碎的肉松，可以放入破壁机打碎。给小孩吃时建议打碎，大人吃时就不用了。

大雄唠叨

b　牛肉用冷水浸泡可以去腥味，还可以泡出部分血水。如果没有时间浸泡，那就直接焯水，冷水下锅，一边煮一边撇去煮出来的血沫。

c　家里有哪种机器就用哪种，只要把肉弄碎就行。如果这些机器都没有，直接用手撕，也不费时间。

d 因为每家用的锅和微波炉的火力不同，所以要时常用手指捏一捏，作为最终判断，小心烫手就是了。如果是猪肉，煮30分钟；鸡肉，煮20分钟左右。若用高压锅，适当缩短时间，按照说明书的指示操作。

e 想要烘干肉松，一般都是用炒的办法，但是太慢了。经过测试，在用烤箱烤、用炒锅炒、用微波炉烘干3种方法中，使用微波炉是最快的，口感也不会受影响。

f 可以根据自己的口味添加调味料，如白胡椒粉、辣椒、海苔等。因为没有添加防腐剂，所以制作好的肉松如果一时吃不完，一定要装进密封容器，放冰箱保存。

自制煎饼

疫情时期，“宅”家的朋友们自己下厨的需求变多了，如何用手头有限的材料变着花样做出营养、健康的主食呢？我一下子就想到了煎饼。

我从小就爱吃煎饼，知道有绿豆面、小米面、杂粮面做成的煎饼，现在还有火龙果色的煎饼。相较于杂粮，普通家庭的纯面粉储存量可能更多，用普通面粉做更有参考性。我就用纯面粉摸索出了这个煎饼方子，不会用到特殊的厨具，有平底锅就行。可以用甜面酱、老干妈调味，或是家里的其他酱，薄脆则可以用薯片或玉米片代替。三五分钟就能搞定一个煎饼，做出一家人的早餐，很轻松。

a

食材

面粉 **1碗**
鸡蛋 **1个**
香菜 **2～3根**
薯片 **适量**
火腿肠 **2根**
生菜 **适量**

调味料

红腐乳汁 **1瓷勺**
黄豆酱 **1瓷勺**
蒜蓉辣酱 **1瓷勺**
黑芝麻 **适量**
食用油 **适量**
小葱 **2～3根**

大雄唠叨

a 用自己爱吃的酱就行。

烹饪步骤

1 将一碗面粉倒入容器，用同样的碗加一碗水，搅匀。分次加半碗左右的水，不停搅拌至面糊变黏稠，达到可连续呈柱形流下来的状态。

2 调酱汁时先取一个碗，加 1 瓷勺黄豆酱、1 瓷勺红腐乳汁、1 瓷勺芙蓉辣酱，搅拌均匀。

3 火腿肠一切 4 份，小葱切末，香菜切末。

4 在平底锅中均匀刷一层食用油，不需要开火，放入面糊。如果用大勺子就放 1 勺，若用中型勺子就放 2 ~ 3 勺，让面糊在锅底平摊。

5 开小火加热平底锅，面糊会从中间向两边慢慢变透明，这时候打入 1 个鸡蛋，将蛋黄压破，均匀涂在面饼上。

6 撒入小葱末、香菜碎、黑芝麻，小火加热，至整个面饼成形，待边缘发干、微微翘起时，翻面。

7 翻面后在面饼上刷一层调好的酱汁，放上火腿肠、生菜、薯片。

8 到面饼两面都没有生湿面糊的时候，就可以卷起煎饼了，装盘开吃。

大雄唠叨

因为面粉湿度不同，所以需要适量增减水，可以每次少加一点，多加几次，搅拌着看。

大雄唠叨

吃不了辣的朋友可以减少芙蓉辣酱的量。

大雄唠叨

最好用不粘锅，操作起来更轻松。

大雄唠叨

吃得好、吃得舒坦，可以很复杂，也可以很简单。

自制放心油条

油条是国民早餐主食之一，配一碗热乎乎的豆浆或是胡辣汤，就能让人吃得心满意足，感到很幸福。外面卖的油条是否卫生就不谈了，其实完全可以自己动手在家做，头天晚上和好面团放入冰箱，早上起来花 10 分钟就可以吃到放心的油条，很方便。油条现炸现吃，口感特别松软酥脆。而且炸完的油还能再利用，一举多得，不浪费，很居家。

食材

面粉 **250 克**　　鸡蛋 **1 个**

调味料

盐 **1 克**　　小苏打 **1 克**

食用油 **适量**　　黄油 **25 克**

泡打粉 **3 克**

烹饪步骤

1 在 250 克面粉中放入 25 克黄油、1 个鸡蛋、1 克小苏打、3 克泡打粉、1 克盐，再放入 120 ~ 130 克水，和成面团。在面团表面抹一层食用油，盖上保鲜膜，醒 6 个小时。

2 在一个盘子上裹好保鲜膜，再在保鲜膜上抹一层食用油，把醒好的面团放上去，压成扁片，切成食指长小条，两条叠在一起，用筷子在中间压一下，然后抻一下，轻轻放入热油锅中，使之不停翻滚（可以炸得更好）。

3 炸至油条表面颜色金黄时，捞出。

大雄唠叨

这一步可以在前一天晚上完成，第二天早上面已经醒好了，能直接用。

大雄唠叨

这样炸出来的油条又脆又香，配上白粥或是豆浆，那幸福感，仿佛令人回到了小时候经常去的早餐铺。热气腾腾中，大人、小孩围坐吃早餐，吃完抹抹嘴，各自高高兴兴地上班、上学。

媳妇儿爱吃的枣糕

枣糕闻起来真香啊，营养也丰富，当作早餐和下午茶都很好。我媳妇儿怀二胎时很爱吃枣糕，但外面卖的要么油太多，要么太甜，都令人不放心，我就试着调整了一下配方，在家里时做百分之百地成功。隔一段时间我就做一些给她当小点心，用于解馋，她也吃得很开心。我也分享给大家试一试，想吃好枣糕，不用再去排大队啦。

a

食材

红枣 **170 克**　　低筋面粉 **180 克**

鸡蛋 **4 个**

调味料

无铝泡打粉 **7 克**　　黄油 **70 克**

小苏打 **4 克**　　红糖 **20 克**

白糖 **80 克**　　白芝麻 **适量**

大雄唠叨

a　如果实在没有黄油，可以用玉米油、葵花籽油等没味道的食用油代替。

烹饪步骤

1 红枣浸泡 2 小时，去核，切一下，加水，倒入锅中，大火煮开，到筷子能轻松戳入枣内即可关火。煮枣的水要留着。

2 入白糖、红糖，连枣带水一起倒入搅拌机，打成泥状。

3 打入 4 个鸡蛋，用打蛋器打出大泡即可，不用打发。

4 低筋面粉、无铝泡打粉、小苏打过筛后分 3 次加入鸡蛋红枣液中，快速搅拌均匀（速度慢面糊容易起筋）。

5 加入黄油，仍然快速搅拌均匀。

6 将搅打好的面糊倒入吐司模具，抹平表面，震动模具甩出气泡后，均匀撒上白芝麻。

7 预热烤箱，上下火 170 摄氏度，烤半小时。

8 用一根竹签或牙签插入蛋糕中央再拔出来，如果没有面糊带出，就代表枣糕熟了。也可以用手拍拍枣糕表面，烤好的枣糕表面是很有弹性的。

9 刚烤好的枣糕建议冷却 5 分钟再脱模，然后切开食用，因为热切枣糕会掉渣。

大雄唠叨

b　水不用倒太多，煮枣后剩下的水不要没过枣表面。

c　学会做枣糕之后，还可以往里加核桃、葡萄干，那种脆脆的水果麦片也可以放进去，又是一种好吃的风味。

d　一次别做太多，除非要送人。做完应尽快吃，因为没有放添加剂，枣糕放几天就长毛了。枣糕当作早餐、下午餐，香甜可口，配一杯茶或是牛奶，吃着令人很惬意。

自制健康桃酥

我从小就爱吃桃酥，咬一口，酥得掉渣，满口留香。长大以后各式零食多了，卖桃酥的却少了，味道也不如以前，而且各种添加剂放进去，令人吃着也不安心。自己在家做的桃酥，是小时候的味道，更香更酥，给孩子吃也放心。

a

食材

低筋面粉 **200克** 鸡蛋 **2个**

调味料

玉米油 **90克** 泡打粉 **3克**

白糖 **90克** 黑芝麻 **适量**

小苏打 **2克**

大雄唠叨

a 与制作中餐不同，烘焙的用料要精准到克，一台好用的厨房秤确实要准备喽。

烹饪步骤

1 将玉米油、打散的鸡蛋、白糖混合，搅拌均匀。

2 将低筋面粉、小苏打、泡打粉混合后过筛。

3 将过筛后的粉类加入玉米油混合液中，用手抓成团，不要过力搅拌。

4 取一小块面团搓成球，放入烤盘中压扁，在面饼上刷一层蛋黄液，撒一些黑芝麻。

5 预热烤箱，上下火 180 摄氏度，烤 16 分钟，烤至桃酥表面变金黄。

大雄唠叨

b 粉类和玉米油混合液混合这一步一定不要用打蛋器过力搅拌，因为那样面糊容易起筋，烤出来就不酥了，用手搅拌几下就好了。

c 嫌麻烦的话，用全蛋液也可以。

d 每家的烤箱火力不同，温度也经常会出现偏差，第一次做要先试试，不断调整温度。要勤观察，可能多 1 分钟或者少 1 分钟。

快手榴莲酥

爱吃榴莲的人对榴莲酥一定爱不释手，但外面的榴莲酥通常不会能用好的榴莲制作。有个简单的方法能让从未下过厨的人做出很棒的榴莲酥，而且自己放榴莲的话，想放多少就放多少。

食材

榴莲肉 **250 克**　　鸡蛋 **1 个**

蛋挞皮 **8 个**

调味料

白糖 **3 瓷勺**　　黑芝麻 **1 瓷勺**

大雄唠叨

a　榴莲肉选自己喜欢吃的。白糖的多少也是看个人口味，甚至可以不放。蛋挞皮到处都有卖，买大品牌的即可。

烹饪步骤

1 取不粘锅，放入榴莲肉和白糖，用小火不断翻炒，至榴莲肉体积明显变小，水分蒸发，颜色变黄。

2 蛋挞皮都是冷冻的，可以先拿出来稍微解冻，快速揭掉蛋挞皮外部的锡纸。

3 将炒好的榴莲肉包入蛋挞皮中，像捏饺子一样捏紧边缘，封口，放入烤盘。

4 将鸡蛋的蛋清、蛋黄分离，将蛋黄打成蛋黄液。每个榴莲酥表面刷一层蛋黄液，撒少许黑芝麻。

5 预热 5 分钟，放入蛋挞，上下火 180 摄氏度，烤 20 分钟，即可出炉。

大雄唠叨

将榴莲肉内的一部分水分炒走，榴莲酥才不会塌，榴莲肉的味道也会更浓郁，这一步不能少哦。请尽量用不粘锅，因为榴莲容易粘锅、容易煳，用铁锅制作的话，难度较大。

大雄唠叨

蛋挞皮如果解冻时间过长，就会变软，容易撕破，所以稍稍解冻就要开始动手。

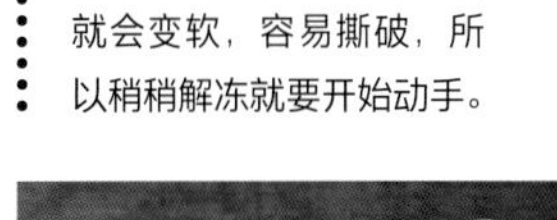

大雄唠叨

这一步真的很像包饺子，非常简单，但不能太贪心追求馅多。榴莲肉过多可能导致榴莲酥在烤的过程中漏馅，烤箱就惨啦。记得在烤盘上铺锡纸或者烤纸。

大雄唠叨

蛋黄液刷蛋挞上面就行，蛋挞下面不用刷。

自制椰蓉面包

我小时候很喜欢吃面包，而且吃的时候还讲究顺序：酥皮蛋糕要先吃酥皮，椰蓉面包要先把有椰蓉的部分连着一点点面包小心地旋下来，细细品尝，等把最好吃的吃完了，才意犹未尽地吃剩下的。现在，自己想吃什么都会做了，想吃多一点酥皮、多一点椰蓉，就多放一些，根本不在话下，还能享受面包出炉那个最香的时刻。

分享一个做椰蓉面包的食谱，希望你也能重温儿时吃面包的幸福感。

面包

高筋面粉 **200 克**

奶粉 **10 克**

鸡蛋 **1 个**

盐 **3 克**

白糖 **35 克**

酵母 **3 克**

黄油 **20 克**

椰蓉馅

椰蓉 **40 克**

黄油 **20 克**

白糖 **20 克**

牛奶 **10 克**

鸡蛋 **1 个**

a

大雄唠叨

a 制作椰蓉面包分两步，一步是面包，另一步是椰蓉馅。

烹饪步骤

一、面包

1 将 100 克水、鸡蛋、白糖混合，搅拌均匀。

2 将高筋面粉、奶粉、盐、酵母混合均匀，加入上一步骤的混合液中，然后搅拌均匀。

3 揉成面团后加入黄油继续揉，直至面团表面变光滑。

4 室温下发酵 40 分钟。

二、椰蓉馅

1 将黄油和白糖放入容器中，搅拌均匀。

2 加入牛奶搅拌。

3 分次加入鸡蛋液，搅拌均匀。

4 把椰蓉倒入做好的混合液中，搅拌均匀。

大雄唠叨

b 如果黄油太硬，可以在锅里加热软化一下再用。

c 椰蓉馅做好啦，和在蛋糕店里买的一样。

烹饪步骤

最后，将二者合体

1 将醒好的面团擀至大长方形。

2 将椰蓉馅涂满长方形的 2/3。

3 从空白的 1/3 处折起，叠成 3 折。

4 纵向切成小长方形细条。

5 取一根，用手捏住头部和尾部，扭两三圈。其余细条重复此步骤。

6 进行二次发酵，大约需要半小时，细条表面涂蛋黄液。

7 预热烤箱，上下火 160 摄氏度，烤 15 分钟。出炉，真香啊！

大雄唠叨

d 一定要进行二次发酵。
水可以全都换成牛奶。
一定要用高筋面粉制作。

网红雪花酥

经常和锅碗瓢盆打交道，研究食谱，烹炸煎煮，红火快活。做的时候兴致勃勃，吃的时候香酥满口，心和胃都能得到满足，幸福感满满。其实不光是做菜，做零食、甜点也有同样的“功效”。

做菜不难，做零食也没有想象中那么复杂。隔三岔五就出新的网红零食，不如自己动手一试究竟。你会发现，原来这么简单！

比如网红雪花酥，照我的方法做，就不难。

a

食材

棉花糖 **160 克**

蔓越莓干 **50 克**

奶粉 **50 克**

饼干 **150 克**

瓜子仁 **50 克**

调味料

黄油 **35 克**

大雄唠叨

a 做雪花酥一定要用不粘锅，锅铲也要用不粘料的硅胶铲，不要用金属铲或木铲，这些小细节是成功的关键。

烹饪步骤

1 在锅中放入黄油，开小火直至其融化。

2 黄油融化后加入棉花糖，搅拌至棉花糖融化，加入奶粉，搅拌均匀。

3 将融化了的混合液平铺好，将瓜子仁、蔓越莓干、饼干均匀分布在混合液上。

4 开小火，在锅里搅一会儿，搅匀，混合液和配料就会粘在一起。

5 戴上手套，取出棉花糖整理形状，我用的是模具。没有模具的话，可以直接放在不粘料的硅胶垫上，用擀面杖把表面擀平整。

6 放凉之后用刀切成小块，在表面撒一层奶粉，成品就做好啦。

大雄唠叨

要用小饼干，如果用大饼干，要提前掰一下。

大雄唠叨

注意火要开小些，搅拌要勤些，以免炒焦了有煳味。棉花糖完全融化后要立马倒入奶粉翻搅，这样才不会结块。

大雄唠叨

炒好的糖一定要尽快整理形状，放时间久了就定形了，会很硬。处理时要带 PVC 手套，一是防烫手，二是防粘。

大雄唠叨

这个配方做出来是原味雪花酥，加点抹茶粉就是抹茶味的，加点可可粉就是巧克力味的，加点冻干草莓就是草莓味的，加点冻干杧果就是杧果味的，随心搭配。坚果也可以用巴旦木、开心果或是花生等随意替换，我打算下次加点麦片。不爱吃甜口的朋友别担心，把饼干换成带点咸味的饼干，中和一下甜味，一样完美。

大雄唠叨

这个雪花酥的保质期是 15 天左右，放时间太长会影响口感。相信你吃了一块儿以后，也不会让它放太久。

用平底锅做的铜锣烧

小朋友们都喜欢吃铜锣烧，尤其看动画片里经常出现，就更想吃了。我家做铜锣烧，用平底锅就可以，简单快手，做出一堆可爱的铜锣烧，小朋友们吃得咯咯笑。

食材

鸡蛋 **2个**　　牛奶 **30克**

低筋面粉 **100克**　　红豆沙 **适量**

蜂蜜 **10克**

调味料

玉米油 **10克**　　盐 **2克**

泡打粉 **3克**　　白糖 **30克**

烹饪步骤

1 将鸡蛋、白糖、蜂蜜、牛奶、玉米油混合，搅拌均匀。

2 将泡打粉、盐加入低筋面粉中，过筛，加入混合液体中，搅拌均匀。

3 将面糊静置半小时。

4 将静置好的面糊重新搅拌一遍。

5 开小火，将 1 瓷勺面糊摊入平底锅中，1 分钟左右当面糊表面开始出现小气泡时翻面，煎一下后铲出。

6 等到铜锣烧表皮放凉，在中间抹上红豆沙，找相同大小的一夹，铜锣烧就完成了！

大雄唠叨

一定要用小火煎，因为用大火很容易煎煳。如果觉得平底锅控制不好火候，可以用电饼铛。煎完一个后，可以关火让锅降下温，再煎下一个，也会稳稳地成功。

咸味小粥

高成功率食谱
私房大盘鸡、重庆辣子鸡、清蒸鲈鱼
西红柿炖牛腩、芦笋马蹄炒虾仁
家常木须肉、自制毛血旺
电饭锅版羊肉手抓饭
电饭锅香嫩肥牛饭、烤箱
版香辣烤鱼、家常烧带鱼、炸小
酥肉、快手榴莲酥、红油
凉皮、皮蛋瘦肉粥
香酥千层肉饼

皮蛋瘦肉粥

皮蛋瘦肉粥是很家常的一道粥品，肉入味，粥软糯，咸鲜爽口，做早餐、晚餐都合适。而且熬粥不挑锅具，用蒸锅、铸铁珐琅锅、砂锅、电饭锅都可以，操作方便。

a

食材

猪里脊 **100 克**　　大米 **适量**

皮蛋 **2 个**

调味料

白胡椒粉 **1/3 瓷勺**　　小葱 **1 把**

盐 **1/2 瓷勺**

大雄唠叨

a　大米洗净，提前泡 30 分钟。如果喜欢软糯口感，可以加一小把糯米。

烹饪步骤

1 小葱切成葱花。

2 蒸锅中放入纯净水，水开后放入泡好的大米，水再次开后转小火煮。

3 放上笼屉，笼屉中放入猪里脊和皮蛋，用中火蒸 10 分钟，取出猪里脊和皮蛋，用凉水清洗一下，继续用小火煮粥。

4 蒸熟的猪里脊切成筷子头大小的小粒，皮蛋切成小丁。

5 米粒煮得开花后，把切好的皮蛋丁和猪里脊丁放入粥中，搅拌均匀。

6 转小火，放入切好的葱花，放 1/2 瓷勺盐、1/3 瓷勺白胡椒粉，搅拌均匀，再煮 5 分钟，完成了。

大雄唠叨

b 大米和水的比例是 1 ∶ 10。若喜欢喝稠一点的粥，可适当减少水量。

c 没有蒸锅的话，用煮锅就行。猪里脊肉和皮蛋蒸一下或煮一下，是为了更好地切出形状。

d 切松花蛋之前在刀两面抹一点凉水，这样松花蛋不容易弄到刀上。

e 不喜欢葱味，可以将小葱换成生菜，或者其他自己喜欢的蔬菜。

香菇牛肉蛋花胡辣粥

说起粥，很多朋友不喜欢，感觉粥“淡而无味，清汤寡水”，像病号餐。其实，粥不仅有白粥，还有菜肉粥、海鲜粥。有菜、有肉、有主食，热乎乎的，有滋有味，简单方便一锅出，喷香！来不及做饭或是不想大张旗鼓地炒菜的时候，来上这么一锅，美滋滋地，吃完还意犹未尽。做过一次以后，下次调整食材又成了新口味的粥，常吃常新。今天分享我家常做的一款粥——香菇牛肉蛋花胡辣粥，开胃爽口，简单快手，学会以后可以举一反三，轻松搞定各种粥。

食材

牛肉末 **200 克**

大米 **100 克**

鸡蛋 **1 个**

香菇 **2 ~ 3 朵**

香菜 **3 根**

调味料

生抽 **2 瓷勺**

料酒 **2 瓷勺**

盐 **1/2 盐勺**

黑胡椒粉 **适量**

白胡椒粉 **2 瓷勺**

生姜 **1 块**

烹饪步骤

1 香菇洗净后去蒂，先切片，再切末；生姜切 3 ~ 4 片；香菜取 3 根，切末。

2 牛肉末 200 克，加 2 瓷勺白胡椒粉、2 瓷勺生抽、2 瓷勺料酒，加生姜片，用手抓匀，腌制去腥。

3 大米 100 克，洗净后倒入锅里（铸铁珐琅锅），加入 400 毫升水（米水的比例为 1 ∶ 4），加入香菇末，开大火。水烧开后，转小火熬粥，煮成米开花的状态（20 分钟左右），粥就好了（粥越稠越好喝）。

4 再转大火，将腌制好的牛肉末倒进去，不停地用筷子搅打，至牛肉末变成熟状态，转小火，煮 3 分钟，使牛肉末彻底煮熟。

5 打 1 个鸡蛋至锅中，立刻用筷子搅拌，把蛋打碎，打成蛋花；再加入香菜末，用于提味、增色。

6 撒上一些黑胡椒粉，半平盐勺盐，搅匀，完成！

大雄唠叨

a 香菇只要香菇帽，切丁以后用来煮粥，香滑可口。不放香菇蒂是因为它太硬不好嚼，而且容易塞牙。可以把它攒起来晒干，煮汤的时候扔进去提鲜，待鲜味充分融进汤里再捞起扔掉，就不浪费了。

b 牛肉要选牛里脊或牛腿肉，挑瘦的，不要过肥的。煮其他肉粥时也可以这样腌制去味。

c 锅具不同，熬粥所需时间不同。不好掌握的话，可以等所有食材熟透后，尝尝咸淡，尝尝软硬，适口即可。

d 牛肉末要及时搅散，才能均匀熟透，吃起来才嫩，不会坨在一起。

e 发现没有？“搅”这个动作是关键。鸡蛋入锅后迅速搅成蛋花，和粥充分融合，粥的颜色和香气都得到了提升。

f 盐可以根据自己的口味增减，分次加，尝了不够再加，不要放太多哟。

g 虽然看起来不好看，但喝一口，是真不赖啊。点睛之味是黑胡椒粉的辛辣，开胃爽口，喝着那叫一个舒坦啊！

香菇鸡肉粥

香菇滑、鸡肉嫩、生菜鲜！即使是第一次做饭的你，做这碗香菇鸡肉粥也能百分之百地成功。

食材

鸡胸肉 **1块**　大米 **适量**

香菇 **4朵**　胡萝卜 **1根**

调味料

胡椒粉 **1瓷勺**　小葱 **1把**

香油 **1/2瓷勺**　生姜 **1块**

盐 **1/3瓷勺**

烹饪步骤

1 胡萝卜切成筷子头大小，香菇切小丁，生姜切末，小葱切葱花。

2 鸡胸肉切小丁，和香菇丁、胡萝卜丁大小差不多，也可以切碎一点，更加入味、好吃。

3 大米洗干净，泡在水里备用。

4 锅中放水，水开后放入鸡胸肉丁，搅拌均匀。

5 开大火，水开后，撇去浮沫，汤留用。

6 放入大米，搅拌均匀。

7 放入香菇丁和生姜末，待大火烧开后转小火，煮 15 分钟，煮的过程中有浮沫就撇去，不时搅动一下，防止煳底。

8 煮好后放入胡萝卜，加入 1/3 瓷勺盐、1 瓷勺尖胡椒粉，搅拌均匀，再煮 5 分钟，煮好后放入葱花，放入 1/2 瓷勺香油，搅拌均匀，出锅。

大雄唠叨

撇去浮沫，保持汤色清爽。

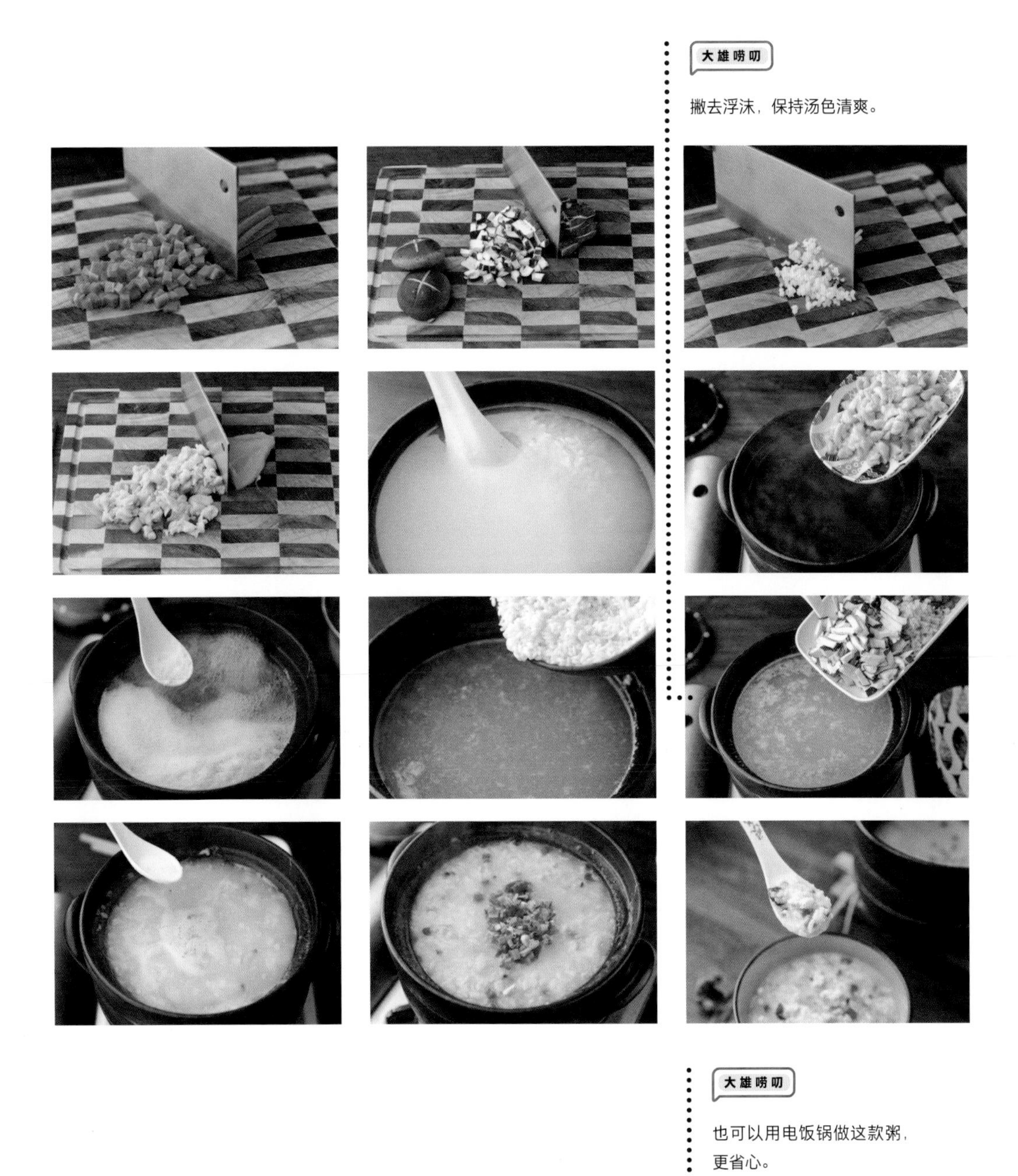

大雄唠叨

也可以用电饭锅做这款粥，更省心。

感冒病号粥

换季时容易感冒，感冒后没胃口怎么办？我推荐做“感冒病号粥”吃。虽然这名字听起来不怎么样，但是里头有菜、有肉、有米，富含维生素和营养，清爽好喝，对身体没负担。没食欲的时候来上一碗，指不定就胃口大开了。

食材

大米 **适量**

球生菜 **1/2 个**

胡萝卜 **1 根**

香菇 **2 朵**

鸡胸肉 **1 块**

番茄 **1 个**

调味料

白胡椒粉 **1 瓷勺**

盐 **1/3 瓷勺**

生姜 **1 块**

小葱 **3 ~ 4 根**

烹饪步骤

1 胡萝卜切小丁，小葱切葱花，生姜切末，球生菜切小丁，香菇切小丁。

2 番茄顶部开十字花刀，然后把番茄倒放在开水中，烫 2 分钟左右，翻过来看看烫得怎么样，撕去番茄表面的皮。

3 将去皮番茄切成小丁。

4 鸡胸肉切成丁。

5 大米清洗干净，在水中泡半小时，有时间的话可以泡久一点儿。

6 烧一锅开水，水开后放入鸡胸肉丁，搅拌均匀后放入香菇丁，再放入泡好的大米，大火煮开后撇去浮沫，转小火煮 15 分钟。

7 煮好后放入生姜末、胡萝卜丁、番茄丁，小火煮 5 分钟。

8 最后放入葱花、生菜丁，再放入 1/3 瓷勺盐、1 瓷勺尖白胡椒粉，搅拌均匀，出锅。

大雄唠叨

a 生姜放在粥里，煮好后会带点辛辣，吃起来开胃。如果实在不喜欢就不放。

b 无论是做这款粥还是做其他番茄菜，番茄去不去皮其实都可以，只不过去皮之后吃起来更可口，成品看起来更清爽，随自己喜欢就好。

c 鸡胸肉稍微冷冻一下更好切。

d 如果喜欢，可以在大米中加入 1/5 的糯米，粥喝起来更黏稠。加了糯米之后要泡久一点。

e 撒上白胡椒粉，淡淡的辛辣味就出来了，吃起来很暖身。吃完出点汗，整个人舒坦了大半。

做好面食，
刮目相看

芝麻酱烧饼夹肉

我爱吃烧饼夹肉，肉要五花三层的那种，加香料炖熟后捞出，与尖椒、香菜一起剁碎，用刚出炉的烧饼夹肉，最好还带点肉汁，咬一口，酥脆掉渣。把五花肉换成酱牛肉也不赖！里面层次丰富，椒盐、芝麻酱，面香扑鼻，还有香菜和尖椒的清香和微辣，一点儿不腻。我常跟朋友开玩笑，学会了这一手，可以直接出摊了，生意准保差不了！

a

食材

面粉 **250克+1.5瓷勺**

酱牛肉 **适量**

调味料

盐 **1/2瓷勺**

泡打粉 **1.5克**

花椒粉 **1/3瓷勺**

酱油 **4瓷勺**

小苏打 **1.5克**

芝麻酱 **8瓷勺**

食用油 **适量**

白芝麻 **适量**

大雄唠叨

a　因为烧饼是半发面的，所以用量不必那么精准。怕用不好小苏打，可以直接买自发粉做，酱牛肉买现成的就行。

烹饪步骤

1 250 克面粉中放入 1.5 克小苏打、1.5 克泡打粉，再放入 160 克纯净水，和成面团。

2 在面团上刷一层食用油，防粘，盖上保鲜膜醒 20 分钟。

3 碗中放入 8 瓷勺芝麻酱、1/3 瓷勺花椒粉、1/2 瓷勺盐，搅拌均匀，再加入 1 瓷勺酱油，搅拌均匀。

4 在案板上铺一层薄面，放上面团，两边蘸上薄面，擀成长方形薄片。

5 在面饼上刷调好的芝麻酱。

6 边抻边卷，卷成长条。

7 把长条揪成一个个小剂子，揉圆。

8 碗中放入 3 瓷勺酱油、1.5 瓷勺面粉，搅拌均匀，调成糊（蘸芝麻用）。

9 把调好的糊抹在揉好的面团表面。

10 涂满糊那一面蘸一层白芝麻，倒扣在案板上备用。

11 有白芝麻的面朝下，把饼放入锅中，均匀放入 2 瓷勺食用油，开小火，盖上盖子，烙 2 分钟；翻面，盖上盖子，再烙 4 分钟。

12 把烧饼放入烤箱，上下 200 摄氏度，烤 5 分钟。

13 烧饼烤好了以后，从中间切开，夹入切好的酱牛肉，完美！还可以夹香菜和青椒，更棒。

大雄唠叨

注意别刷太多，因为漏出来太多了，后续不好操作。

大雄唠叨

如果用的是熟芝麻，烙2分钟；如果是生芝麻，烙4分钟。

大雄唠叨

在烤烧饼时，可以把酱牛肉切成片。

大雄唠叨

用烤箱烤几分钟，是为了让表皮变得更脆，整体熟得也更快。如果没有烤箱，可以直接在锅里烙熟。火小一些，烙的时间长一些，烧饼弄薄一些。这烧饼夹肉，是真好吃啊！

香酥千层肉饼

我家很爱做各种饼，就像炒菜一样日常。其实揉面做饼并不需要太多技术，只需多做几次，积累出经验，就能举一反三。

食材

猪肉馅 **250 克**

面粉 **250 克**

调味料

白胡椒粉 **1 瓷勺**

十三香 **1 瓷勺**

酱油 **3 瓷勺**

黄豆酱 **1/2 瓷勺**

鸡精 **1 瓷勺**

盐 **1 瓷勺**

香油 **1 瓷勺**

食用油 **适量**

大葱 **1 根**

生姜 **1 块**

烹饪步骤

1 在 250 克面粉中放入 160 克纯净水，和成面团，封一层保鲜膜，醒 20 分钟。

2 取 10 克生姜切末，取 70 克大葱切末。

3 在 250 克猪肉馅中放入 1/2 瓷勺黄豆酱，再放 1 瓷勺尖十三香、1 瓷勺尖白胡椒粉、3 瓷勺酱油，搅拌均匀。

4 在猪肉馅中加入 5 瓷勺纯净水、1 瓷勺尖盐、1 瓷勺尖鸡精，最后放入姜末，搅拌均匀。

5 在猪肉馅中放入大葱末，将 1 瓷勺香油淋在大葱末的位置，让大葱末的表面形成油膜。先不搅拌，什么时候包什么时候搅拌大葱末，否则会有臭葱味。

6 案板上铺一层薄面，放上醒好的面团，两边蘸上薄面，擀成长方形大片。

7 将大葱末和猪肉馅搅拌均匀，把调好的馅均匀涂抹在面饼上。

8 从左向右卷，卷成长条，封口处捏紧。

9 将长条压扁，从中间一切为二，封口处压紧。

10 热锅中放入 2 瓷勺食用油，再放入切好的肉饼，小火烙 4 分钟；表面刷一层食用油，翻面，盖上盖子，小火再烙 4 分钟；再翻面，盖上盖子，然后用小火烙 2 分钟，盛出。

11 把烙好的肉饼切成小块。

大雄唠叨

葱拌开以后遇盐容易出水，会影响馅儿的黏性，到包的时候再拌。

大雄唠叨

这是基本的量，喜欢吃可以多放。

大雄唠叨

馅儿不要铺太满，留一些空地，以免面皮撑破露馅儿。

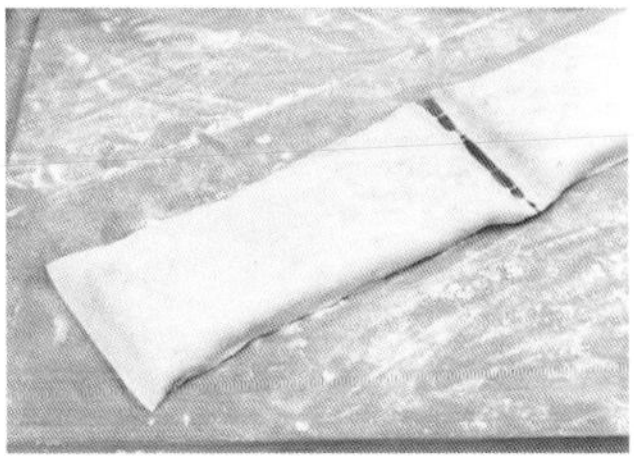

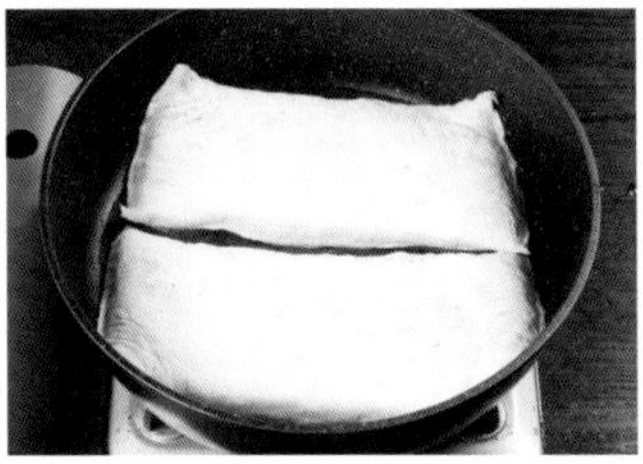

大雄唠叨

皮薄香酥，肉馅儿满满，吃这种肉饼才叫不将就。

葱油饼

葱油饼外酥里嫩，葱香味十足，在家煎几张，经常一下子就被抢光了。而且不用就着其他东西吃，单是吃葱油饼，就非常不错。自己做，面粉用的是好面粉，面香扑鼻；葱用的是小葱，葱味很浓很香。操作简单，几分钟就做好了。按照我这食谱去做，一次就会了。

食材

猪板油 **1块**

食用油 **3瓷勺**

面粉 **250克**

调味料

小葱 **1把**

生姜 **1块**

盐 **适量**

a

大雄唠叨

a 做葱油饼时，放点儿猪板油才香，也可以用食用油，最好是花生油，直接把生姜片和小葱段放入油中，炸制葱油即可。

烹饪步骤

1 在 250 克面粉中放入 165 克纯净水，和成面团，封一层保鲜膜，醒 15 分钟。

2 生姜切片；小葱留葱白切段，葱绿部分切成葱花。

3 猪板油切成小块。

4 锅中倒入猪板油块，再加入 3 瓷勺纯净水，用大火把水烧开，待猪油融化后转小火，放入生姜片、小葱段，继续炸至猪板油变成小肉渣。

5 将炸好的猪板油过筛备用，就是葱油了。

6 在案板上铺一层薄面，放上醒好的面团，两边蘸上薄面，擀成长方形大片。

7 在长方形大片上刷一层炸好的葱油，撒一层葱花，再撒一层盐。

8 在面饼上下相对处各划 4 个刀口，上下叠起来，向内折，重复折成方块，捏好口。

9 压扁，上下都蘸面粉，再擀成长方形。

10 锅中放入 2 瓷勺食用油，放入面饼，盖上盖子，中小火烙，烙 3 分钟，翻面；再淋 1 瓷勺食用油，盖上锅盖，烙 2 分钟。待饼鼓起来之后翻面，大火上色即可。

11 盛出后切成小块。

大雄唠叨

剩下的油渣和猪板油可以用于做汤或是拌面。

大雄唠叨

注意别撒太多盐，淡了好处理，咸了就齁了。

大雄唠叨

冒着热气的葱油饼，面食爱好者怎么忍得住？！

芝麻酱糖饼

老北京芝麻酱糖饼，咬一口外皮酥脆，里面的芝麻酱和糖香气四溢，令人垂涎欲滴。咬上一口，满嘴香，美极了。很多在外的人就想念这一口儿。在饭店，这款面食也是喜爱者众多。

食材

面粉 **250 克**

调味料

芝麻酱 **5 瓷勺**　食用油 **约 3 瓷勺**

红糖 **5 瓷勺**

烹饪步骤

1 在 250 克面粉中放入 165 克纯净水，和成面团，封一层保鲜膜，醒 15 分钟。

2 找一个大碗，放入 5 瓷勺红糖（如果红糖结成块，需要碾碎），再倒入 5 瓷勺芝麻酱，搅拌均匀。

3 案板上铺一层薄面，放上醒好的面团，两边蘸上薄面，擀成圆形，把调好的红糖芝麻酱均匀地抹在面饼上（留 1/6 区域）。

4 在留口的区域切一刀，顺时针一层一层地翻过去。

5 在整个面饼上撒薄薄的一层面粉，防止烙的时候流糖。

6 从切口处边卷边包起糖饼，捏住封口，整理成圆形，按扁，轻轻擀开。

7 热锅中放入 1 瓷勺食用油，不用等油热，直接放入糖饼，盖上锅盖，中小火烙 2 分钟左右，让表面变金黄。翻面，淋 1 瓷勺食用油，盖上锅盖，再烙 2 分钟。转成小火，再翻一次面，刷一层食用油，烙 2 分钟。再翻一次面，刷一层食用油，烙 2 分钟，总共烙 8 ~ 10 分钟。

8 将饼烙成圆圆鼓鼓的，熟透了，就可以盛出开吃。

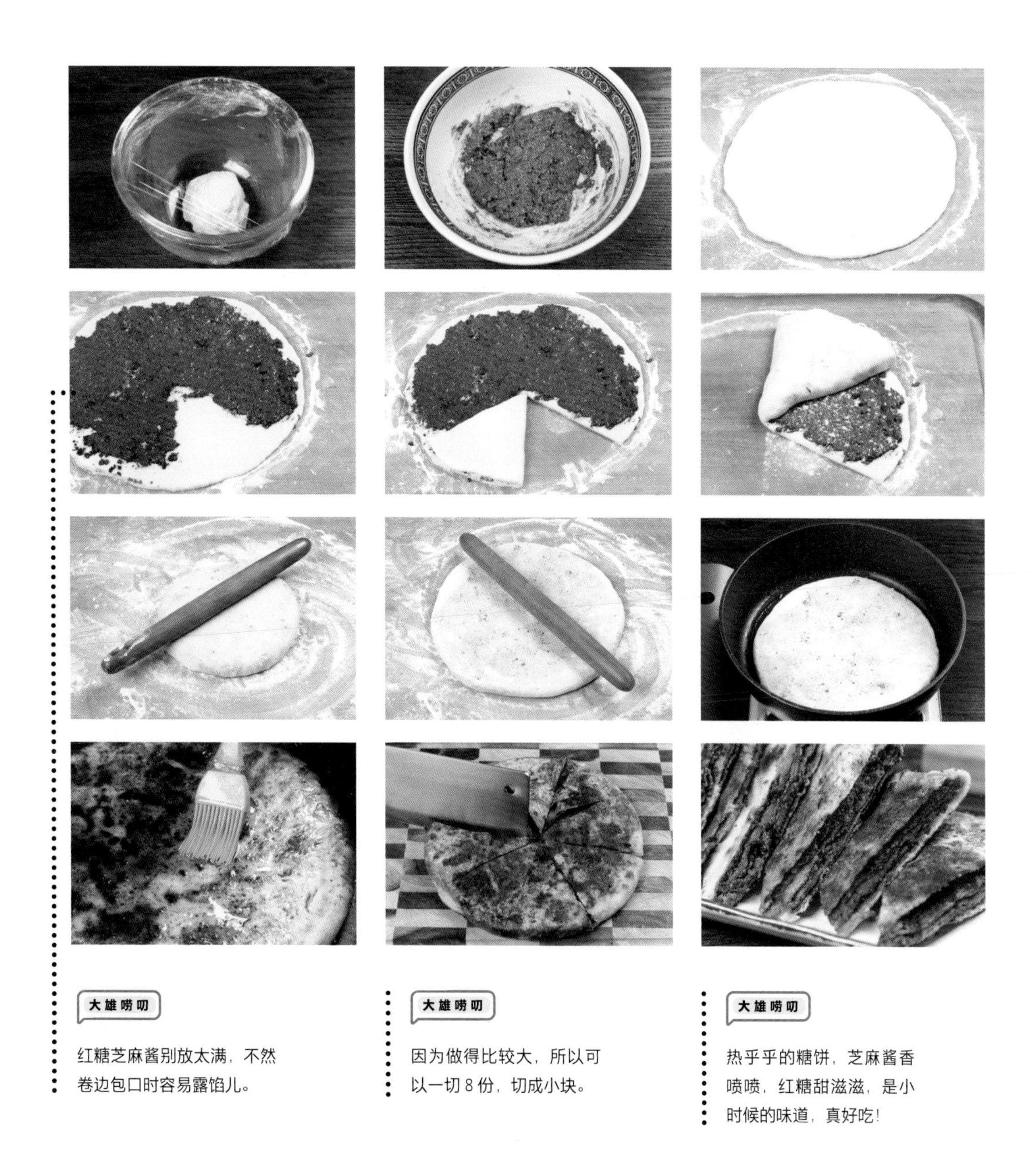

大雄唠叨

红糖芝麻酱别放太满，不然卷边包口时容易露馅儿。

大雄唠叨

因为做得比较大，所以可以一切 8 份，切成小块。

大雄唠叨

热乎乎的糖饼，芝麻酱香喷喷，红糖甜滋滋，是小时候的味道，真好吃！

海鲜卤面

每次做海鲜面，我都会想起一位大学好友，一个莆田小伙儿。他黑黑的，个子不高，弹跳好，爱打篮球。我经常邀他来家里玩，吃我妈做的饭。有一次他带我去北京西四的他亲戚家，我第一次吃到这种难忘的海鲜卤面。

工作两年后，他还是辞职去了深圳，自那以后，我们很少联系，再没见过面。但我仍记得那个海鲜卤面的味道。

成家后，我循着记忆复刻那一碗海鲜卤面，运气很好，居然做得与记忆中的味道差不离了。我认为，莆田海鲜卤面的核心滋味来自干香菇、蛏子、芹菜、鲜虾和蛤蜊等食材，用于增鲜。

食材

湿面条 **200 克**

五花肉 **50 克**

海鲜（扇贝、花蛤、墨鱼仔、大虾） **适量**

球生菜 **1 个**

香菇 **2 朵**

调味料

白胡椒粉 **1 瓷勺**

味精 **1/3 瓷勺**

盐 **1 瓷勺**

料酒 **2 瓷勺**

生抽 **3 瓷勺**

食用油 **2 瓷勺**

小葱 **2 ~ 3 根**

生姜 **1 块**

大蒜 **2 瓣**

大雄唠叨

a 面条可以随便选，若实在买不到湿面条，用干面条也行。同理，宽面、细面都可以，挑喜欢吃的就行。

烹饪步骤

1 球生菜撕成大块，小葱切小段，生姜、大蒜切片，香菇切片。

2 五花肉切薄片；墨鱼仔洗净对半切开；大虾开虾背，去虾线，洗净；花蛤和扇贝洗干净备用。

3 热锅中加入 2 瓷勺食用油，油热后放入五花肉片，炒至焦黄。

4 放入小葱段、姜片、蒜片，翻炒均匀，再放入香菇片拌炒，然后加入海鲜，快炒 30 秒。

5 放入 2 瓷勺料酒，大火翻炒 30 秒，去掉海鲜的腥味；再放入 3 瓷勺生抽，炒匀，让食材入底味。

6 加 1 瓷勺尖盐、1 瓷勺尖白胡椒粉、1/3 瓷勺味精，倒入开水。水量按照面条的量来加，可以比平常煮面时多一些，因为汤会很鲜。

7 水开后放入湿面条，搅拌均匀，面条煮熟时，海鲜也全部熟了，出锅前把球生菜加进去。

大雄唠叨

b 如果家里有干香菇，可以清洗一下，提前用热水泡发，香味更足。泡香菇的水可以留着，除去沉底的渣滓不要，剩余的可以用来做汤。

c 将贝类海鲜提前泡在盆里，撒点盐，滴一点食用油，晃一晃，摇均匀，让它们吐沙几个小时后再食用。

d 如果面条是比较难熟的类型，就等到下完面条以后再下虾，这样虾肉才不会老。

e 喜欢吃葱花和香菜的朋友可以撒一些，很香。我个人喜欢宽汤窄面，即汤多面少，特鲜，哧溜哧溜吃面，大口喝汤，三下五除二碗就见底了！

豆角焖面

豆角焖面，有面、有菜、有肉，简单快手一锅出，是北方家庭夏日餐桌上的常客。我从小就非常爱吃豆角焖面，把我家的做法分享给大家。

a

食材

扁豆 **250 克**　　面条 **200 克**

五花肉 **250 克**

调味料

老抽 **1/2 瓷勺**　　大蒜 **5 瓣**

生抽 **2 瓷勺**　　香油 **适量**

白糖 **1 瓷勺**　　食用油 **1/2 瓷勺**

盐 **1/3 瓷勺**　　醋 **适量**

小葱 **4 根**

大雄唠叨

a　选这种机器压的细面条最好；我喜欢用五花肉，如果你不喜欢，可以选瘦一些的里脊肉。

烹饪步骤

1 五花肉洗净切丝，大蒜切成蒜末，小葱 4 根，切葱圈，备用。

2 锅里入半瓷勺食用油，用中火，入切好的肉丝，翻炒至微微发黄，盛出备用。因为煸炒肉的时候会出油，所以半瓷勺食用油就够了。

3 用煸肉剩下的底油，开大火，入小葱圈、大蒜末，炒出香味，加入扁豆，大火翻炒。

4 翻炒 2 分钟左右，加入炒好的五花肉肉丝，入 2 瓷勺生抽、半瓷勺老抽、1 瓷勺白糖、1/3 瓷勺盐，用锅铲翻炒均匀，倒入开水，没过食材。大火烧开后，盖上锅盖，转小火慢煮 5 分钟。

5 时间到，用勺子舀出一些汤汁，一会儿浇到面上。将面条铺在扁豆上，盖上锅盖用小火焖。注意不要烧干汤汁，每 3 分钟看一次锅，不时地晃动一下锅。

6 待汤汁收差不多时，用勺子舀一些之前留下的汤汁，从锅边缘淋入。

7 汤汁收干了，面也熟了。加入些许蒜末、醋、香油，用筷子把面条和扁豆搅匀，太香了，开吃吧。

家常海鲜面

这款家常海鲜面是在海鲜卤面的基础上进行了调整，更适合普通家庭来做，味道鲜美，方便好做。

食材

手擀面 **500 克**

五花肉 **1 小块（50 克左右）**

干香菇 **5 朵**

香芹 **2 根**

小葱 **1 把**

鲜虾 **5 只**

蛏子 **1 把**

花蛤 **1 把**

生姜 **1 块**

大蒜 **4 瓣**

调味料

鲜味酱油 **1 瓷勺**

料酒 **1 瓷勺**

盐 **2 盐勺**

食用油 **约 2 瓷勺**

大雄唠叨

a 如果能买到小牡蛎就最好了。干香菇不能缺，香芹不能缺，海鲜可以用日常能买到的品种替换，放只海蟹也未尝不可。做饭和做人一样，有时候需要懂得变通，不钻牛角尖。

烹饪步骤

1 贝类泡冷水中，入 1 盐勺盐、几滴食用油，促进吐沙；干香菇泡发。

2 小葱和香芹切段，生姜和大蒜切片，五花肉切片。

3 锅内入 1 瓷勺食用油，入五花肉，用中火煸炒出油脂。

4 放入葱、姜、蒜和香菇，转大火，炒出香味。

5 倒入贝类，保持大火，入 1 瓷勺料酒，翻炒至酒味没了、贝类开口了，入清水。水要多加一些，至少是日常煮面的量。

6 烧开后放入手擀面，入 1 瓷勺鲜味酱油、1 盐勺盐调味。

7 煮至面条快要成熟但稍微有点硬的状态时，放入鲜虾和香芹段，煮 3 分钟左右，待虾完全变红。尝尝味道，如果不够咸可以加盐，够的话就可以出锅开吃啦。热腾腾的海鲜面，美味无穷。

大雄唠叨

b 这个方法适用于贝类、螺类，便于吐出泥沙，吃起来不牙碜。干香菇不能用鲜香菇代替，因为风味差很多。

c 五花肉的加入让面变得更香，不吃猪肉的朋友可以改放些鸡油。当然，不放也可以。

d 加料酒是为了去腥增香；水一定要多加，海鲜面的汤异常鲜美浓郁，但面条很吸水。如果水放少了，吃的时候会后悔哦。

e 虾最后放，能保持最好的口感。

烤箱自制新疆烤包子

烤包子是新疆特色美食，薄皮大馅，外脆里香。面粉被烤熟的香味混合着羊肉香，加上孜然和洋葱，我第一次吃就对它念念不忘。我用家里的烤箱研究出了这个食谱，不难，贡献给大家。

a

食材

高筋面粉 **300 克**

羊肉 **500 克**

洋葱 **2 个**

鸡蛋 **2 个**

调味料

黑胡椒粉 **1/2 瓷勺**

孜然 **2 瓷勺**

盐 **4 瓷勺**

酵母 **4 克**

玉米油 **30 克**

糖 **3 瓷勺**

孜然面 **1 瓷勺**

大雄唠叨

a 没有高筋面粉的话，可以用普通面粉代替，羊肉和洋葱的量可以根据自己的喜好增减，盐也是。喜欢瘦一些的羊肉就选羊腿肉，喜欢肥一些的就选羊里脊肉，或者加点羊尾油，更香。洋葱最好选用紫皮的，味道更加浓郁。孜然尽量放，能起到点睛的作用。

烹饪步骤

1 将羊肉、洋葱切小丁。

2 锅中入 1 瓷勺食用油，油热后入洋葱丁，中火，炒至洋葱呈半透明状态，盛出备用。

3 另起锅，锅中入 1 瓷勺食用油，烧热，中火，入羊肉丁，会炒出一些汤水，要把水倒出来，羊肉丁炒至干爽，盛出。

4 在羊肉丁、洋葱丁中加入半瓷勺黑胡椒粉、1 瓷勺盐，搅拌均匀。

5 120 克水、1 个鸡蛋混合后加入 4 克酵母，搅拌均匀后再加入 30 克玉米油；将 300 克高筋面粉、3 瓷勺糖、3 瓷勺盐、1 瓷勺孜然面混合均匀，加入液体中搅拌；用厨师机将面团揉光，也可以用手和面，但是比较累；放入容器，盖保鲜膜发酵 1 小时，至两倍大；将面团分成 3 份，再松弛 10 分钟，将小面团擀成圆片，放上馅料。

6 表面刷一层鸡蛋液和水的混合液。

7 预热烤箱，上下 200 摄氏度，烤 18 分钟，表面上色均匀时就烤好啦。

大雄唠叨

羊肉丁一定要炒出水，不然包子一烤就出水特别多，很影响口感。

肉丁包子

早、中、晚都可以吃包子，单吃好吃，配豆浆、牛奶、稀饭、汤，也好吃；做个蘸碟蘸着吃，也好吃。肚子饿的时候真不能说包子，越说人越饿。

没人吃得遍所有类型的包子吧？那么多种类，就算都是用猪肉和白菜做馅儿，里头加的调味料稍微改变一些，口味就完全不同了。再加上各地就地取材制成的只在本地流行的包子，那真是即使一年 365 天，天天吃包子，都别想吃个遍了。

这里，我单说说肉丁包子。

食材

五花肉 **300 克**

面粉 **250 克**

大葱 **1 根**

生姜 **1 块**

调味料

黄豆酱 **1 瓷勺**

泡打粉 **2 克**

酵母 **2 克**

鸡精 **1/3 瓷勺**

盐 **1/3 瓷勺**

白胡椒粉 **1/3 瓷勺**

酱油 **3 瓷勺**

食用油 **约 3 瓷勺**

小苏打 **2 克**

烹饪步骤

1 在 250 克面粉中放入 2 克酵母、2 克小苏打、2 克泡打粉，再放入 150 克水，和成面团，盖上保鲜膜，醒 20 分钟。

2 五花肉去皮，切成小丁。

3 生姜切末，大葱切葱花。

4 锅中放入 2 瓷勺食用油，油热后放入生姜末、一半葱花，炒出香味后加入切好的五花肉丁，炒至变色断生。

5 加入 1 瓷勺黄豆酱，翻炒均匀；再加入 3 瓷勺酱油、1/3 瓷勺白胡椒粉，翻炒均匀；再加入 1/3 瓷勺鸡精、1/3 瓷勺盐，加入剩下的一半葱花，翻炒均匀，盛出。

6 在案板上铺一层薄面，放上醒好的面团，两边蘸上薄面，揉成长条，再揪成一个一个的小剂子。

7 把小剂子擀成圆片，比饺子皮稍微大点儿。

8 把刚才炒好的五花肉丁包在圆片里。

9 蒸屉中刷一层食用油，把包好的包子放在蒸屉上，先不开火，醒 25 分钟。醒好后开火，待上气后蒸 10 分钟，直至包子熟透。

大雄唠叨

a 肉丁包子就得有肥有瘦才好吃！剩下的猪皮可以熬汤的时候放，别浪费。

b　这样炒出来的肉丁，就着饭吃也很香。

c　要是家里蒸锅比较小，就分几次蒸，以免包子撑开后发生粘连。

d　趁热掰开，纯肉馅的大包子香气腾腾，面香、肉香，直钻进鼻子里，这谁忍得住啊，好吃！

自制韭菜盒子

春天的韭菜最香，做顿薄皮大馅的韭菜盒子，放点儿鸡蛋，咬一口，那个香啊！哎哟，油都流手上了……

食材

面粉　**250 克**
鸡蛋　**1 ~ 3 个**
韭菜　**200 克**

调味料

香油　**1 瓷勺**
食用油　**约 4 瓷勺**
盐　**1 瓷勺**

烹饪步骤

1 取 250 克面粉，烫熟其中的 1/3，再加入适量凉水，和成面团，盖上保鲜膜，醒 10 分钟。

2 韭菜切成末，鸡蛋打散备用。

3 锅中放入 1 瓷勺食用油，油热后放入鸡蛋液，炒碎。盛起，放入韭菜末中，搅拌均匀。倒入 1 瓷勺尖盐、1 瓷勺香油，拌匀备用。

4 案板上铺一层薄面，放上醒好的面团，两边蘸上薄面，揉成长条，揪成剂子，按扁后擀成椭圆片。

5 把调好的韭菜馅放在椭圆皮上，对折，捏住封口，卷花边。

6 锅中放入 2 瓷勺食用油，油热后放入韭菜盒子，盖上盖子用中火煎 5 分钟，上色之后翻面，刷食用油，继续用大火煎上色，盛出即可。

大雄唠叨

a 面粉烫过，更好熟一些。

b 鸡蛋打 1 ~ 3 个都可以，喜欢吃就多放，但要注意观察面皮能包出几个韭菜盒子，计划着来才能不浪费。

c 拌好后尝一下味道，不咸加盐，不香加香油。

d 其他包法也行，注意褶子边别捏太厚，不然不好熟。

e 如果火候掌握不好，怕没熟，可以翻面煎两次，直至熟透。

f 头茬韭菜配鸡蛋，那简直是香得没边了。我爱韭菜盒子！

冰花锅贴

很多朋友说，自己在家做的锅贴没有餐厅做的好吃，成色也不好看，一不留神还会煎烂，很影响下厨时的心情。还有的朋友说不会擀饺子皮，觉得很复杂，无从下手。其实这些都不是问题。结合一位五星大厨好友的秘诀，从和面、擀皮、拌馅到煎好出锅，我改良出了最易上手的煎锅贴食谱，简单、高效、省力。做出好吃、好看的锅贴，再也不难啦。

食材

中筋面粉 **250克**　猪肉馅 **150克**

调味料

酱油 **2瓷勺**　淀粉 **10克**

鸡精 **1盐勺**　食用油 **适量**

盐 **1盐勺**　大葱 **1根**

香油 **1瓷勺**　生姜 **1块**

白胡椒粉 **1盐勺**　香油 **1瓷勺**

烹饪步骤

1 取 250 克中筋面粉，先用开水烫熟其中的 1/3，再加入适量凉水混合剩余中筋面粉，和成面团，盖上保鲜膜，醒 10 分钟。

2 取 10 克生姜切末，取 80 克大葱切末。

3 150 克猪肉馅中放入生姜末、1 盐勺尖白胡椒粉、1 盐勺尖鸡精、1 盐勺尖盐、2 瓷勺酱油、1 瓷勺水、1 瓷勺香油，搅拌均匀。

4 把切好的葱末放在猪肉馅上，不搅拌，备用。

5 做冰花液：10 克中筋面粉中加入 10 克淀粉、180 克水、60 克食用油，搅拌均匀。

6 案板上铺一层薄面，放上醒好的面团，两边蘸上薄面，揉成长条后揪成饺子皮大小的剂子，擀成圆饼。

大雄唠叨

a 用开水先烫熟一些面粉，这样能让锅贴在后续制作中更容易熟，而且面皮的韧性和柔软度也会更好。

b 放入葱花后先不搅拌，是因为葱花遇盐容易出水，馅儿变得水分太多的话，煎锅贴的时候容易粘锅变烂，要等到开始包馅儿的时候再拌。

c 要比饺子皮擀得薄一些。擀皮有个很简单的方法：先把剂子按扁，然后用擀面杖碾过去，注意碾到中间时力气轻一些，两边时重一些，然后把擀出的面片转至反方向，再同样的方法碾过去，就完成了。一开始面皮可能不怎么圆，多来几次就会了，反正也不用太圆。

烹饪步骤

7 面皮擀好后，把葱末和猪肉馅搅拌均匀，开始包锅贴，拿起一个面皮，将馅儿放在中间，从上到下捏住，包起来。

8 锅中放入 2 瓷勺食用油，油热后放入锅贴，平铺，煎 2 分钟；再倒入冰花液，盖上盖子，小火煎 8 分钟。

9 煎至表面没有水，锅贴熟透，倒扣在一个大盘子里，也可以用筷子夹开，分装在小盘里。漂亮又好吃的冰花锅贴就做成了。咬一嘴，热乎乎的馅儿露出来，真香啊！

大雄唠叨

d 吃的时候可以调一个佐料汁蘸着吃，或者直接吃，都行。馅儿是调过味的，不会寡淡。锅贴馅儿的配方可以参考饺子馅儿，有韭菜猪肉、白菜猪肉、酸菜羊肉等，还可以加入鱼肉和鲜虾之类的食材。总之，学会了基本做法，再举一反三，各种锅贴可以吃个遍，能够大饱口福。

黄豆酱蛋炒饭

这是一道我给我女儿研究的炒饭。小姑娘喜欢味噌的味道，又爱吃炒饭，我就结合了一下。不过味噌不是每家都会常备，可以用黄豆酱代替，做出来很成功，简单快手而美味。这道黄豆酱蛋炒饭分享给大家。

a

食材

米饭 **适量**　　鸡蛋 **1 ~ 2 个**

调味料

黄豆酱 **2 瓷勺**　　食用油 **2 瓷勺**

大雄唠叨

a　味噌是日式调味料，咱们用常见的黄豆酱代替就很好，效果一样。米饭的用量根据你的食量准备。

烹饪步骤

1 米饭中加入生鸡蛋，搅拌均匀。

2 锅中加入 2 瓷勺食用油，中火烧热，放入拌好的米饭，保持中火，不断翻炒，直至米饭变干爽，粒粒分开。

3 米饭炒干爽了，取一个小碗，入 2 瓷勺黄豆酱，加 3 瓷勺水，搅拌均匀。均匀倒入炒干的米饭中，转大火，翻炒均匀。出锅喽，香气扑鼻。

大雄唠叨

b 这样可以让米饭粒粒分开，每粒都包裹着鸡蛋液。但如果你喜欢米饭弹弹的口感，建议按传统的方法，鸡蛋、米饭分开炒。

c 最好用不粘锅，这样可以少放些食用油，用中火多炒一会儿，不能用大火，会导致鸡蛋煳了但里面的米饭还没到火候。

d 黄豆酱又鲜又咸，不必加盐了。转大火是为了快速蒸发黄豆酱里的水分，防止米饭口感变软。